中公文庫

まるさんかく論理学

数学的センスをみがく

野崎昭弘

中央公論新社

はじめに

本書は、受験に役だつ本ではない。だから「望みの大学に入れさえすればいい」という人は、本書など買わずに受験勉強に集中した方がトクである——とは私は思わない。

人間、集中力には限度がある。息ぬきも必要であろうし、大学に入れば人生が終わるわけでもない。「人生に役だつ本」のために適当な時間をさくことは、きわめて望ましいことであろう(!?)

本書は、私が片寄(かたよせ)美奈子さんの前で講義をし、それを片寄さんがこの形にまとめ、私が手を入れてできあがった。右のように図々しいことを書いたのは、実質的著者である片寄さん、過分の「あとがき」をお寄せくださった吉田夏彦先生、また好意的に出版してくださるZ会への感謝の気持ちの表明である。「考える力こそ役にたつ」という私の考えが生きるかどうかわからないが、さしあたりの「息ぬき」としてでも楽しんで頂ければ誠に幸いである。

野崎昭弘

目次

第十章　ギャンブラーは分数がお好き？——189

第十一章「数」のよろず話——209

第十二章　数学嫌いの根をたどる——229

登場人物紹介

野崎先生…大学の数学の先生。クラシック音楽が好きで、昔は混声合唱をやっていた（ただしカラオケはまるでダメ）。今は昔の仲間とのおしゃべりで満足している。下手だけど将棋も好き。現在はある本――『不完全性定理』の執筆に熱中している。

M君………県立高校3年生。数学は苦手だけど、新しいもの好きなので、まるさんかくゼミにやってきた。趣味はダンスとテレビ鑑賞。1日6時間以上見てるのになぜか視力は両目とも一・五である。古舘伊知郎氏を尊敬し、テレビのアナウンサーか気象予報士をめざしている。

Rさん……私立高校2年生。まるさんかくゼミに入ってから数学の魅力にとりつかれ、今では飼いネコ兼恋びとのジロウに方程式を教えようと必死である。読書が大好きで、とくに試験期間が始まると、猛スピードで本を読みはじめるという悪い癖がある。

まるさんかく論理学

第一章　言葉のつかいかた

●珍しい車のナンバーはどれか▼

ちょっと前、湘南ナンバーなんてものが話題になりましたが、僕は自動車のナンバーとっても好きなんです。一度お目にかかりたいと思うのは「八王子　88は　8888」ですね。まだ見たことのない幻のナンバーです。

ところで君たちは、下の番号のうち、珍しいナンバーはどれだと思いますか。

横浜 33　に 90-00

所沢 53　つ 51-27

品川 56　ゆ 19-36

千葉 44　よ 44-44

八王子 78　ね 78-87

多摩 52　ち 12-34

大宮 33　わ 64-64

生徒M▼僕は「5127」だと思います。おもしろい番号はみんなが欲しがるからすぐになくなってしまうと思うけど、「5127」なら売れ残って、あんまりたくさんは世に出

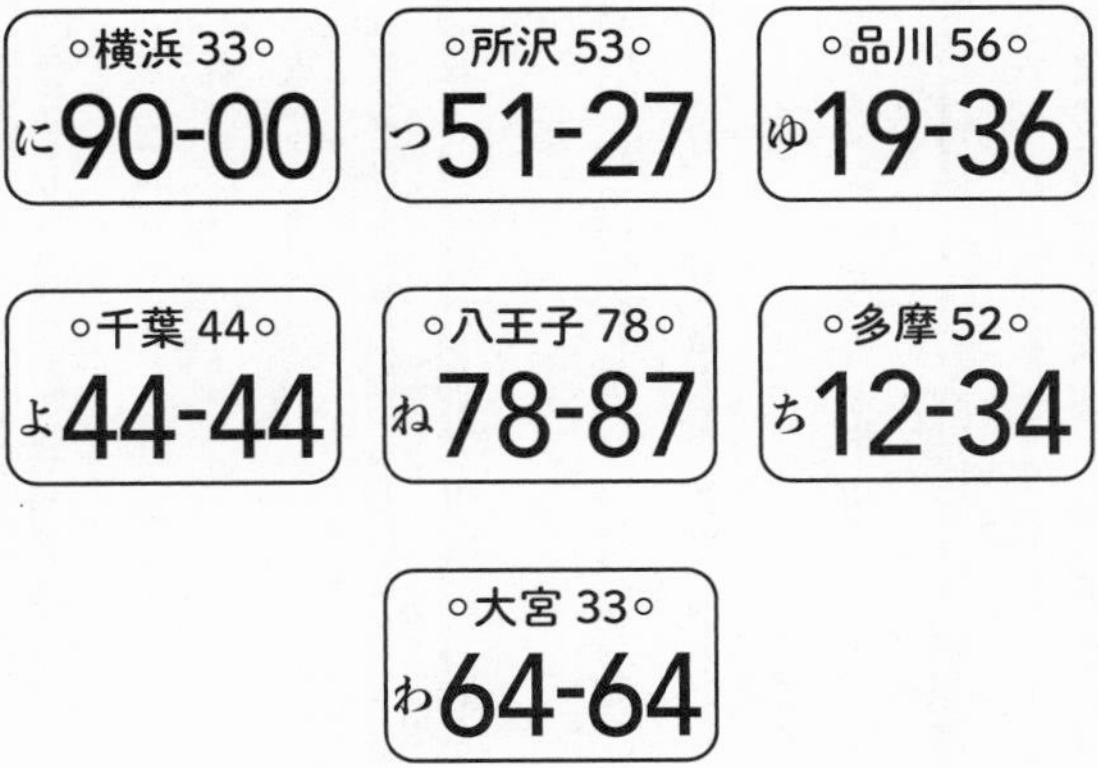

ていないんじゃないですか。

野崎●電話番号なら買い取るというのがあるみたいですけれど、車のナンバーはそういかない。陸運局から機械的に発行されるのですよ。[＊]

生徒R▼「４４４４」なんて縁起の悪い番号も使われていますか？

野崎●使われていますよ。僕の友達にも乗っている人がいます。

生徒M▼「44」は外国人の野球選手の背番号にはよくあるし、僕はカッコいいと思う。

野崎●「４」は死につながるといって日本では嫌われているけれども、外国には好きな人がたくさんいるらしいですね。

さて、どれが珍しいかという問題を考えてください。M君が珍しいと思ったものは、世に出ている総台数が少ないナンバーの車でしたね。でも、さっき言ったように、総台数はほぼ同じだと考えてください。大学でこのアンケートをしたら「ごめんなさい、僕にはわかりません」という学生さんがいましたが、べつに謝る必要はないのです（笑）。「珍しい」ということをたいていの人は確率と結びつけて考えますが、車のナンバーひとつひとつの出現率は全部同じなのですから。

生徒R▼すると「珍しいナンバー」なんて、存在しないことに？

野崎●ええ。にもかかわらず「４４４４」と「１０００」は多くの人に「珍しい」と言われた人気ナンバーでした。なぜでしょうか？

生徒M▼何のヘンテツもないナンバーとおもしろいナンバーは、やっぱり違うと思うよ。同じ数字が重なるものとか、続き番号とか、「1000」とか「2000」とか。

野崎●そうなんですね。何のヘンテツもない番号は無数にありそうですが、ゾロ目とラウンドナンバーは、それぞれ9つしかなく、9999台のうち9台だから約0・1%の確率で出現します。「7887」のような左右対称は「1001」から「9999」までの90台、1%弱ですね。ふつう、車のナンバーは、千の位が「0」の場合「・」と表記しますから、「0880」などの対称ナンバーがなくなってしまうのです。

生徒M▼残念なことだ。

野崎●アンケートを見ると、みなさんはどうもこういった分類に基づいて確率を考えて、「珍しい」ナンバーを決めるようです。だから「5127」と答えたM君のような人は、ほとんどいなかったですね。

生徒R▼でも「5127」が、たまたまM君の家の電話番号か何かと同じだったら、やっぱり珍しいことになりませんか？

野崎●そうなんです。「1936」というのは僕の生まれた年だから1台しかない。0・01%です。「5127」も昭和5年の12月7日生まれの人には、特別に珍しいナンバーになります。

珍しさを特徴でみる場合、「7887」もぼんやりした人にはありふれた数になるかもしれません。「4444」を全桁（けた）とも同じ数というだけでなく、フォー・フォーズ、「4」が4つ並んでいると見ると、さらに珍しくなります。ある数がその数だけ並んでいるというナンバーは、ほかに「・・・1」と「・・22」と「・333」しかないですね。

生徒M▼ほんとだ。すごい。

野崎●そういう特徴を決めるところで僕たちの主観が働いてます。数字で表せる確率でさえ、見る人が何に着目するかに大きく左右されるのです。いっけん客観的に見える事柄でも、知らず知らずのうちに主観が働いている場合が多いということは覚えておいてください。そして、ときには、主観や先入観を少し離れてものを見ることができると、なおいいですね。

［＊編集部注］ 1999年5月から全国で希望ナンバー制度が導入されました。ナンバーには、希望ナンバー以外での下2ケタ「49」「42」と、ひらがな部分の「お」「し」「へ」「ん」は、使われていないそうです。

●止まった時計は正確か▼

ここに時計が2つあります。今はちょうど午後の2時で、両方とも2時きっかりをさしています。これを見ると2つとも正確な時計と言えますね。

ところが、じつは上の時計は1日に1時間も遅れるオンボロ時計で、下の時計は半年前から止まっています。

さて、どっちの時計が正確だと思いますか？

野崎●今どき、1日に1時間も遅れる時計はないと思うでしょうけど、僕が子どものころにはありました。毎朝、母が針を合わせていたのです。さあ、どっちが正確でしょうか？

生徒R▼どっちも正確とは言いたくないけれど、どうしても選べと言うなら上の1時間遅れる時計ですね。

生徒M▼なまじ動いているオンボロ時計を見て信用したら困るから、僕は止まっている下の時計のほうがいいな。

野崎●M君の意見は、いい時計か悪い時計かということですね。よしあしの判断は、またべつの議論に譲るとして、ここでは「どちらが正確か」を考えます。すると、ふつうはRさんのように、1日に1時間遅れてでも、何とか動いているほうがまだマシだと考えるでしょう。ところが、イギリスの作家で、数学者でもあるルイス・キャロル［*1］は、止まっている時計のほうが正確だと言いだしたのです。

この2つの時計が正しい時刻をさすときが、1日に何回あるかを考えてごらんなさい。下の時計は止まっているから、1日に2回ずつ正しい時刻をさすわけです。午前2時と午後2時。ところが上の時計は今日の午後2時に合ったらこのあと1日じゅう正しい時刻はさしません。それどころか、次の日も、その次の日も、どんどん遅れ方がひどくなるばかりです。2日後に2時間遅れて、3日後に3時間遅れて、5日後に5時間遅れて……と、12日後にようやく半日ずれて正しい時刻をさします。1日に2回もきちんと正しい時刻をさす時計と、12日間にたった1回しか正しい時刻をささない時計では、当然、前者のほうが正確にきまっているでしょう。

どうですか？　納得しましたか？

生徒2人▼えっ？

野崎●ルイス・キャロルの論理が通用しないとしたら、どこがおかしいのでしょう

か？

〈生徒たちしばらく悩む〉

生徒M▼止まってる時計なんて、壁に掛かった絵皿や静物画と同じじゃないかなあ。時計と時計じゃないものを比べても……。

野崎●では、動いていることは動いているけど、ほとんど動かない時計ならどうでしょうか。たとえば、1日にたった1分しか針が進まない時計とか。

生徒M▼う〜ん。

生徒R▼ルイス・キャロルさんの考え方だと、1日にほんの1秒遅れる時計も正確じゃないということになりますよね。次の日は1秒、次の日は2秒とずれていくんだから、12時間ずれて本当の時間に戻るためには何年もかかりそうです。

生徒M▼12時間を秒であらわすと60×60×12だな。どひゃっ、4万いくらだ！　4万日なんて100年かかっても足りない。僕は、ルイス・キャロルの意見には賛成できない。

野崎●そうです。ルイス・キャロルは「正確」とか「より正確」といった言葉を勝手な意味で使っているのですね。たくさん正しい時刻をさすほうが「より正確」なんだと決めて押してくる。議論の中には、よく考えてみると言葉の使い方が問題だったというのは、よくある話なんです。

「正確」というのが、ぴったり合っている瞬間のことだけをさすとすれば、Rさんが言ったように1日に1秒遅れる時計も、1年に1秒遅れる時計も不正確だということになり、どっちが「より正確か」と較べる議論じたいがおかしい。そう言ってルイス・キャロルの議論を吹っ飛ばすことはできますが、やっぱりちょっと強引ですね。それだと、厳密に正確な時計なんて世の中に1つもないということになる。

生徒M▼グリニッジ天文台の時計は違うのですか？

野崎●グリニッジにも正確な時計はありません。そもそも1秒の定義にも少しずつ揺らぎがあるのです。地球の公転・自転をいろいろ計算して、物理学者さんたちが1秒の長さを決めたのですが、自転の速度も微妙に変わっています。ときどき、そのズレを調整するためにうるう秒［＊2］を使う日があるんですね。

話を戻しましょう。ふつうは1日に2〜3秒、せいぜい10秒遅れる時計なら十分正確と言えます。許容誤差ですね。1日に1分遅れる時計であっても毎日調節すれば済みます。それから、時計は「いま何時」か知るためだけのものじゃありません。先生が試験時間50分の長さを計りたければ、1日に1時間遅れるあのオンボロ時計でも、まあまあ使えないことはないのです。しかし止まっている下の時計は、どうしようもありません。

生徒M▼「より正確」とはいったいどういうことなんだろう?

野崎●ふつうは1ヵ月、もしくは1日に何秒ずれるかを計る、月差何秒・日差何秒という目安を使います。日差が小さい時計なら、ふだんの生活に支障がないし、簡単に調節できるし、時間を計るときにも使えます。日差が小さい、というのがいい時計の目安になるんですね。

ところが、頻繁に正しい時刻をさす時計になにかいいことあるでしょうか。極端な例をあげると、僕が学生のとき、図書館の前の時計が突然狂いだして、みるみるうちに長針がぐるぐる動きだしました。1時間のうちに何十回転もするので、しょっちゅう正しい時刻をさしています。キャロルの基準でいくと、そんなワケのわからない時計が何よりも正確な時計ということになる。とてもいい目安とはいえないでしょう。

生徒R▼止まっている時計では、月差何秒というのをどうやって数えるのですか?

野崎●その場合は、1日に24時間ずれると計算します。1ヵ月間には24×30時間遅れる。たまたま1回転してもとに戻っても、合っていると言わずに12時間遅れたと考えます。

生徒M▼ルイス・キャロルは本気で止まっている時計が正確だと思っていたのですか？

野崎●いえいえ、もちろん冗談です。その証拠のひとつに、アリスにこう言わせています。

「1日に2回正しい時刻をさすといっても、いつ正しい時刻をさしているのかわからないじゃない！」と。まことにいい指摘ですね。上の時計は1日に1時間遅れるとわかっているので、いつ正しい時刻をさしていたのかがわかれば、計算して正しい時刻を求められますが、下の時計はどうしようもない。

ところが、アリスにそう言わせたあと、ルイス・キャロルはさらにこう言います。「いや、そんなことないよ。止まっている時計でも、正しい時刻をさした瞬間にだれかがドカンとピストルを撃てばわかるはずだ」。それはもちろん時計の力ではなく、横に立っている人の力ですね（笑）。ルイス・キャロルはときどきこうして、間違った理論をわざと展開して遊ぶのです。

これは、言葉の使い方をほんの少しすりかえることによって、おかしな議論が生まれるという話でした。

［＊1］ルイス・キャロル（Lewis Carroll 1832–98）……イギリスの数学者、児童文学者。古典学者リデルの娘のために書いた『不思議の国のアリス』は有名。

［＊2］うるう秒……地球の自転を基にして決める時刻と、協定で決めた正確な時計（セシウム原子による）とのズレを調整するため加えたり差し引いたりする1秒。うるう秒は定期的に存在するわけではなく、ここしばらくは、だいたい1～4年に1度ある。

●産児制限があると女の子が増える⁉▼

ある国では、男の子を欲しがる傾向が強く、多くの家で男の子が生まれるまで子どもを産みつづけたそうです。最初の子どもが男の子ならそこで終わりにしますが、女の子ならもう1人産み、2人めも女の子だったらもう1人、3人めも女の子ならさらに1人…と産みつづけていき、結果的に国じゅう、ますます女の子が増えていきました。

野崎●今は、最初に女の子が生まれるとホッとする家庭が多いらしいけれど、かつてはどうしても男の子が欲しいという家が日本でも多かったそうですね。僕の友達にも8人のお姉さんがいる末っ子（男性）がいます。もちろん、彼の家が男の子をとくに欲しがっていたのかどうかは知りませんが。

さて、この問題でなぜ産児制限が関係するかというと、その技術がないと、打ち止めにしたくてもできないのですね。この議論はどうですか？

生徒M▼言われてみれば、そんな気がしてきた。Rさんのうちも3人姉妹だし、僕の友達にも姉さんがいるやつが多いよ。

生徒R▼この仮定だと、女の子が何人もいる家庭はあっても、男の子が2人以上の家庭はありえないことになりますね。

野崎●そうです。しかしオール女の子という家庭は存在すると思います。いくら産みつづけるといっても、1ダースも産んだら限界でしょう。

生徒R▼やっぱり少し女の子が増えるかしら。

野崎●2人ともそう思いますか。じつは僕も、この話を聞いたとき、一瞬そうか、と納得してしまったのです。話から単純にイメージを浮かべてみたので、女の子の顔ばかり浮かんできたんでしょうね。しかし、よーく考えると、この説は明らかに間違っています。どこが違うか、絵を描いて考えてみましょう。

16戸の家の絵が描いてありますが、それぞれ100万軒ずつ、全部で1600万軒の、もうすぐ赤ちゃんが生まれる家庭があると思ってください。それだけ多ければ、まあ約800万ずつ男の子と女の子が生まれますね。男の子なら1人で終わり。女の子が生まれた800万軒はもう1人に挑戦です。そのうち400万軒はまた女の子なので3人目も産みます。そのうち200万軒はまた女の子ですが、さすがに4人も子供がいたら、部屋が足りなくなる家もあるので、そういう家はそこでやめます。さて、ここまででありえるパターンは？

生徒R▼男子の1人っ子、姉と弟の2人きょうだい、2人の姉と1人の弟、3人の姉と1人の弟、それから3人姉妹、4人姉妹ですね。

生徒M▼そう言われると、ますます女の子が多いみたいに思えてくるなあ。

野崎●図の上半分だけをイメージすると、下半分は100%が男の子だということをうっかり忘れて、女の子のほうが多いように錯覚するのです。

生徒R▼げんに男女比は半々ですね。

野崎●ええ、その通り。人口統計をみてもずっと男女比はほぼ半々になっています。

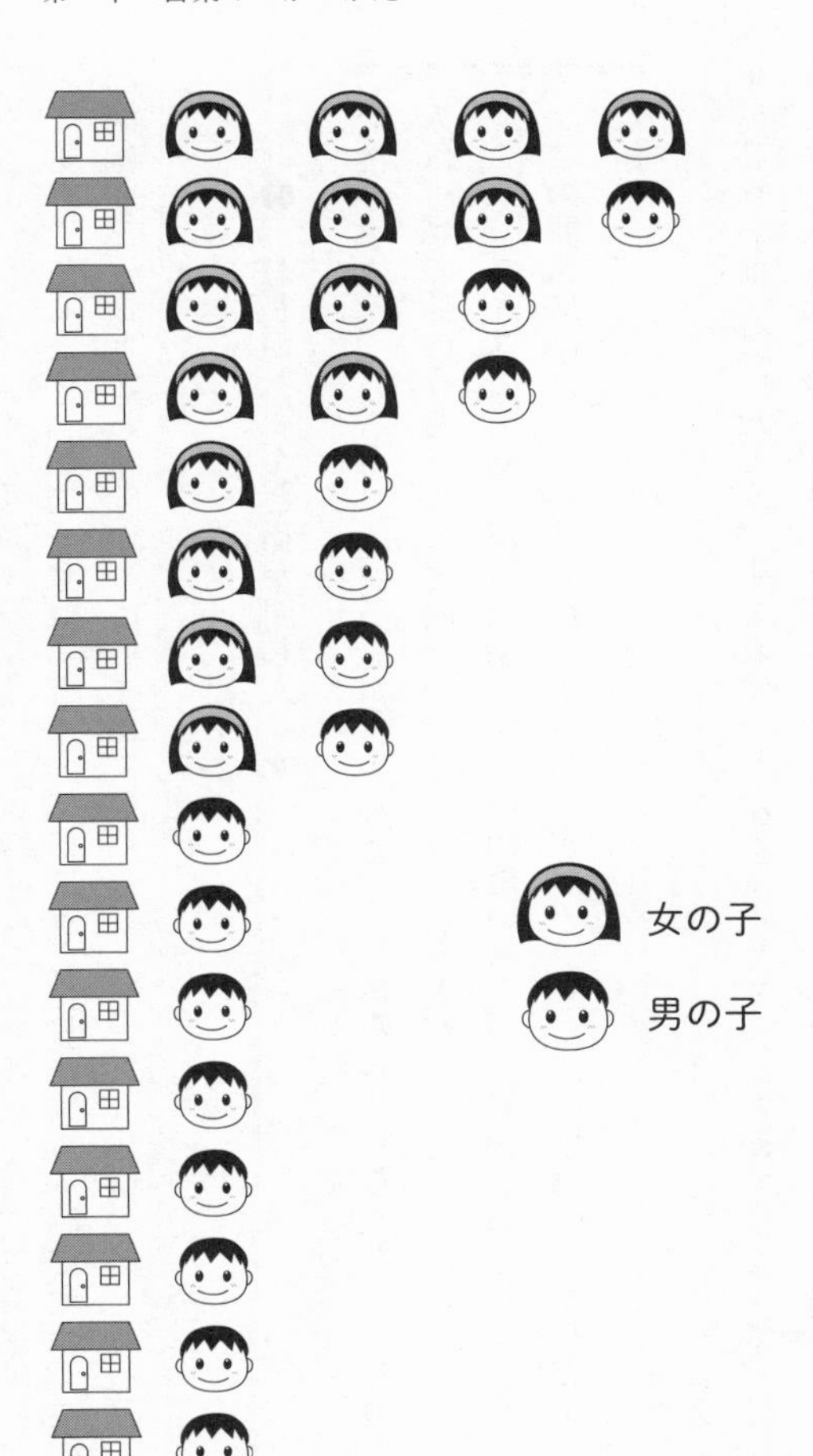
女の子
男の子

どういうふうに産児制限を活用しようと、男女比は変わらない。

人間は世の中を正確に見ていると思っているけれども、じつはそうじゃない。ちょっともっともらしい言い方をされると、すぐに間違えて見てしまうのですね。この手の話はいろんなところに転がっています。

●おじいちゃんと孫が同じ人▼

世の中には、いろんな境遇の人がいるもので、「私のおじいちゃんのうちの1人は、私の孫のうちの1人と同一人物です」という人がいました。

これはスイスで実際にあった話です。いったいどういう場合なのでしょうか？

この問題にはいくつか答えが考えられますが、できるだけ現実的でエレガントな解答を出してください。

生徒R▼名前を継いだとか、生まれ変わりだと主張しているとかではなくて、ほんとうに同じ人物なんですか？

野崎●文字通り同一人物です。

生徒R▼おじいさんは、自分の親の父親でしょ、孫は自分の子どもの息子でしょ。ふつうならずいぶん離れている関係なのに。

生徒M▼息子がおじいさんを養子にもらう。つまり、「息子」は、彼にとっての「ひいおじいちゃん」を養子にすることになるけど。

野崎●ハッハッハ。まあ、いいでしょう。

生徒R▼これは、養子とか姻戚(いんせき)関係で考えないといけないですよね。

野崎●血縁の形では難しいと思いますよ。

生徒R▼孫娘が自分の祖父と結婚するとか。

野崎●それもあるでしょう。やや年齢差が気になりますが、外国人はその辺は寛大みたいですから。バートランド・ラッセル［＊1］でしたっけ、90歳を過ぎてから30代くらいのものすごく若い人と再婚しましたね。

生徒M▼チェロ弾きのカザルス［＊2］もそうだよ。70歳過ぎてから、20歳ぐらいの教え子と結婚している。このスイスの人もきっとそうだったんだ。

野崎●それでは、チューリヒの新聞に載った実在のケースを見てみましょう。


「私」は妻と息子と父と暮らしていましたが、妻が亡くなりました。べつの家庭には夫を亡くして娘さんと暮らしていたAさんという女性がいました。「私」は、Aさんと再婚し5人で一緒に暮らすことになりました。新しい家庭にも馴れたころ、「私」の父がAさんの連れてきたお嬢さんと恋愛をして、結婚してしまったのです。

これだけの話なんです。「私」の父が「私」の娘（新しい妻の連れ子）と結婚したために、「私」は実父の義理の父親になりました。つまり「自分自身のおじいちゃん」ということになります。しかし、逆に考えると父は、「私」の娘の夫なのだから、義理の息子でもあります。義理の息子の子どもがほかでもない「私」なのだから、自分の孫ということになる。

生徒M▼ヘンな親子だなあ。

生徒R▼たしかに、それなら年齢的にもまあ考えられますね。こんなケース、なかなか想像できませんでした。

野崎●もし、お父さんと義理の娘の間に男の子ができたとすると、その子は「私」のいったい何でしょう。

生徒R▼同じお父さんの子だから（異母）弟にもなるけれど、義理の娘の子どもと考えれば、孫でもあります。

野崎●さらに、「私」と再婚した奥さんとの間にも子どもができたとすれば、この子どもたちの関係もいろいろ読めるわけですね。

生徒M▼父と義理の娘の子を弟だと考えるなら、「私」の子にとってその子は叔父になるし、孫と考えれば「私」の子の甥……あれっ正反対だ！

［＊1］ラッセル（Bertrand Russell 1872–1970）……イギリスの哲学者、数学者、著述家、平和運動家。ノーベル文学賞を受ける。

［＊2］カザルス（Pablo Casals 1876–1973）……スペインのチェロ奏者、指揮者、作曲家。チェロの普及に最大級の貢献をした。

第二章　占いをめぐって

●星は神さまがつくって星占いは人間がつくった▼

野崎●知り合いの、かなりしっかりした奥さんが、星占いを本気で信じているんですよ。僕が天体の形がどうなっていたからって、人間になにか関係あると思いますか、と笑ったら「その天体が近づいてきたら少しは影響があると思う」と真顔で言うのです。

生徒R▼星占いは私も大好きで、いつも気になってしまいます。ホントに関係ないんですか？　むかしは天文学と言えば星占いのことだったんですよね。

野崎●ええ、たしかにケプラー［*］のころまでは星占いで政策決定をしていたみたいです。それを助けるのが数学者の仕事だったんですから。

生徒M▼そんなのでうまくいってたんですか？

野崎●うまくいくかって、重大な決定だから比較ができないんです。うまくいったら星占いのおかげだし、いかなかったら言い訳をさがすんです。言い訳ならいくらでも見つかります。だれそれがルールを守らなかったとか、突然こんな星が現れたとか。

星占いは空想家のつくりごとで、まるで根拠がないんですよ。そんなもので国会を運営できるんだったら、苦労しません。だって、どういう根拠があると思いますか？

生徒R▼歴史的な根拠はどうですか。大むかしから続いているっていう。

野崎●でもね、たとえば乙女座の支配する時期というのは、乙女座の近づいたときなんですね。ところがだんだんずれてきて、今ではだいぶ違っているんです。それから星座の名前も、あるときそう見えたというだけで、大した理由はない。牡牛座なんて、牡牛に見えませんよ。

生徒R▼それはそうかもしれないけど。でも、今でも占い師さんは古い書物を開いてまじめにお説教してくれます。まるっきり嘘とはどうしても思えないんです。

野崎●それなんですよ。しゃべっている本人が本気で信じていたら、聞いている人は簡単にだまされるんです。そうやって語り継がれてきたのです。

まあ、星にも万有引力がはたらいていますから、極端に近づけば、まったく無関係とは言えないかもしれません。でも、それを言いだしたら、そこらを走っている車や新幹線の万有引力だって、影響があるでしょうね。星よりずっと近いんだから。

生徒R▼距離やエネルギーの問題だけでは、片づけられないと思うんです。トラックや新幹線は人間がつくったものですよね。金星や天王星はだれがつくったかわからないんですよ。

野崎●そうしたら影響があるのですか？

生徒M▼たしかに、人間にはかり知れない存在には、不思議な力がはたらいていてもおかしくないな。

野崎●そういうね、影響がありそうだという話を、いろいろ人間はでっちあげているのですよ。たとえば、木星が良くて金星が悪いというのはギリシャ神話から来ている単純なつくり話です。火星は赤いから危ないとか縁起悪いとか、どんどん尾ひれがついて広がる。人間のつくったものという点では同じですね。

［＊］ケプラー（Johannes Kepler 1571-1630）……ドイツの天文学者。惑星の軌道形とその運動法則を発見し、ニュートンの万有引力発見の基礎となった。

●　血液型は日本型の占いだ　▼

生徒M▼星占いに根拠のないのは、僕にもだいたいわかるけど、血液型占いは当たるでしょ。僕はよく典型的O型と言われるんだけど。

野崎●典型的なO型とか、標準からちょっとずれたO型とか、うまい言い方ですね。

そういうことを言いだせば何でも当たる。僕はある本で、血液型によってこんなにアンケートの答え方が違うというのを見たんです。よし、と思って同じアンケートをつくって学生たちにやらせてみました。みんな怒っちゃいましたね。こんな曖昧な訊き方じゃ答えられないよって。専門家に訊いても、こりゃ嘘だと笑われました。こんなアンケートがとれるわけがない。だいたい、人数が書いていない、分布が書いていない。

血液型というのは、赤血球のほんの表面だけで決定されるものなのです。もちろん、血液も遺伝子に関わるので、性格を決める遺伝子の配列と血液型との間に微小な関係があるかもしれないことは否定できません。といっても目に見えて影響するとは思えない。性格なんてものは、親の財産、住む場所、たまたま遊んだおもちゃなど、あらゆるものによってつくられていくのですから。まあ、よくある血液型占いの本に書いてあることは、99％は嘘ばっかりだと考えていいと思います。

生徒M▼そうかな。O型の特徴を読むたびに当たっているような気がしてたんだけど。

生徒R▼私も自分ではA型の性格に近いなと思うんだけど、この間、心理学的にアナウンスメント効果というものがあるって話を聞きました。O型の人が、「O型はこういう性格ですよ」というのを聞かされると、だんだんそういう傾向が顕著になってく

$F=m\vec{a}$
A
O
$E=mc^2$

るんだって。

生徒M▼ふうん。でも、じっさい社員の配属に血液型を使っている会社があるんだよ。

野崎●そりゃまた、自信のない人事部長ですね（笑）。日本では血液型がはやっているけど、アメリカでは星占いのほうが人気があるので、星占いを信じている人が大勢いますよ。どの占いにも当てる技術はあるのです。

生徒R▼そうなのですか。私は牡羊座ですけど、牡羊座の性格はA型の性格と対照的なので、読む本によって牡羊座になったりA型になったりしているんですけど（笑）。

野崎●ほかにも十二支はあるし、外国人では生まれ月もはやっているから大変ですよ。

生徒R▼『メアリー・ポピンズ』には生まれた曜日による性格が書いてありました。

野崎●それぐらいなら嘘がバレにくいかもしれませんね。年が単位だといくらなんでも大雑把すぎる。寅年生まれの人がみんな同じ性格だなんて、だれも信じませんよ。

生徒M▼でも、じっさい丙午［＊］生まれの人は少なくなってるね。

野崎●ええ。僕の父と次男が丙午生まれなんです。受験戦争のとき楽だったようですよ（笑）。丙午の年は、とくに中都市で人口が落ち込んだそうです。

生徒R▼どうしてですか？

野崎●大都市ではあまり信じる人がいなかったし、小さな村落では信じていても、制限する技術がなかった、という話がありますけど、できすぎているので冗談でしょう。

［＊］丙午……干支のひとつ。この年に生まれた女性は夫を殺すという迷信があった。干支は十干（甲乙丙丁戊己庚辛壬癸）と十二支（子丑寅卯辰巳午未申酉戌亥）を組み合わせるため、60（10と12の最小公倍数）年に一度、同じ名前の年がある。

●いい兵隊は顔でわかる⁉▼

生徒M▼人相占いはどうですか。祖父の軍隊の面接試験官に人相見がいたそうだし、顔を見ただけで人の性格や資質がわかる人はいると思うんです。

野崎●もちろん、直観である程度わかる人ならいるでしょうね。そういえば、以前僕が教えていたフランスの田舎の大学に、成績が悪いのに兵役を免除されたがっている若い男がいてね。

生徒R▼兵役と大学の成績となにか関係があるのですか？

野崎●フランスの兵役は大学の成績がうんと良ければ免除されるのです。

生徒M▼勉強のできるやつは戦場に行っても役に立ちそうもないってことかな。

野崎●さあ、どうでしょうか。いずれにしても、成績のいい人と病気の人は兵役免除になるので、彼は「俺は精神異常だから兵役の義務はないはずだ」と大騒ぎしたのです。手に負えなくなった担当のお医者さんが、大きな病院に行って検査を受けるように言いました。あんな丈夫なやつが兵役を免れるわけがないといって、みんなで楽しみに待っていたら、案の定、暗い顔をして帰ってきました。どんな検査をして合格になっちゃったと思いますか？

生徒M▼わざと間違えて答えたのがバレた。

野崎●それが、質問する手間もなく、彼の顔を見た途端に、お医者さんがゲラゲラ笑いだしたそうなんですね。診察どころか、「いい兵隊になる」とか言われて追い返された（笑）。大きな病院のお医者さんはきっと難物（なんぶつ）を扱うのに馴れていたんでしょうね。その人のように、顔を見れば一目でわかってしまう人や勘のいい人はけっこういるはずです。

●磁気バンドの効果はいかに▼

生徒M▼占いじゃないけど、きのうテレビで超能力の持主が芸能人の肩を治していたよ。

野崎●本人が治ったと言うならけっこうなことですね。ただ、病気というのは原因不明で治ることもあるんですよ。超能力という心理的な効果もあるかもしれない。

ほかにも、肩凝りが治る磁気バンドなんてものがありますね。あれは血液中のヘモグロビンにある鉄分に磁気が影響すると説明されています。血液中に鉄分が多いのは事実だけど、じゃあ、それでどうして肩凝りが治るかというのはわからないんですよ。

生徒M▼血行がよくなるんじゃないですか。

野崎●むしろ滞（とどこお）ったりしませんか、血の流れが1ヵ所にすい寄せられて。あんなバンドつけなくたって、地球そのものの磁気の影響は、いつも受けています。ためしに、兄貴が医者だから訊いてみたら、磁気バンドで肩凝りが治る医学的根拠はまったくないけれど、それで治ったと言う人がたしかにいるから抵抗はできないと言ってました（笑）。でも、じつはあの影響は微弱なんですって。よくなるはずもないが、悪くもならないだろうって。実際の効果はあやしいけど、心理的効果がはたらくのです。

生徒R▼そういえば友達のおじいさんが、上に寝ると老化しないというマットを買ったそうなんです。おそろしく話のうまい人に、体内のプラスイオンを増やす効果があるとかなんとか説明されたらしいけど、理科の先生に訊いてみたら、そんなイオンは知らないって。35万円もするマットなんですよ。

生徒M▼老化するかしないか、いつになったらわかるんだ?

野崎●効果が現れなかったころには売った人はいなくなってますね(笑)。

生徒R▼ええ、1年以上たったら効果が現れると言われて、楽しみに待っているらしいんです。

野崎●楽しみにしているのなら素晴らしいことですよ。心理的な自信は健康にプラスになるし、35万も払ったんだからなにかいい効果を期待して、きっと日常生活に気をつけるでしょう(笑)。

● あなたはきょうだい2人ですね ▼

野崎●35万円のマットを売った人は、きっと話がうまかったんでしょうね。セールスでも占いでも話術がモノをいうことはたしかです。

生徒R▼思いだしたんだけど、私、ある有名な占い師さんに「ものすごく気をつけないと離婚しますよ」と言われたんです。それだと、離婚してもしなくてもアタリですよね。

生徒M▼結婚しなければハズレになるよ（笑）。

野崎●一生結婚しないかどうかは死ぬまでわからないのだから、非常にうまい言い方ですね。占い師は「必ず」とは言わないのです。「あなたはだらしない人ですね」と言うと当たらない人もいるけれど、「あなたにはちょっとだらしない部分がありますね」と言えばまずだれでも当たる。「ちょっと」をどのくらいに解釈するかですね。だらしない人は自分を好意的に考えるけれど、きちんとしている人ほど自分に厳しいものです。

生徒M▼僕が聞いたのは「あなたは、きょうだい2人ですね」と言うと、だいたい当たるってやつ。2人きょうだいならそれでいいし、3人きょうだいだったら「だから、あなたのほかに2人いるでしょ」って。ほとんどの人は、2人か3人きょうだいなんだ。

生徒R▼もし、1人っ子だったら「ホントは、あなたのほかに弟が1人生まれるはずだった」とかなんとか適当なこと言うんでしょ（笑）。

野崎●間違えたときの言い訳というのもおもしろいですね。

生徒M▼「ノストラダムスの大予言」なんかハズれたら楽しそうだな。

野崎●本人はもう生きていないけれど、支持する本を書いている人はいっぱいいますね。

　脱線なんだけど、マホメットが信者に信仰の力を見せようとして、お祈りの力で山を近づけると言ったことがあったんです。でも、いつまでたっても山が来ない。彼は怒って、自分から山に近づいていったそうです。

生徒M▼ヘンなやつ。怒ったっていうのは、本気で山が来ると信じていたんですか？

野崎●それはわからないですけど、機転がきいたんでしょうね。それを見て感心した信者さんもいて、ファンが増えたそうですよ（笑）。マホメットは非常に柔軟な人で、はじめは、同じユダヤ教から分かれたキリスト教と対立するつもりはなく、イエスのことも、アイツも預言者の1人だ、オレのほうがちょっと偉い、その程度に思っていたんですね。でもキリスト教徒がかたくなにイスラム教の弾圧を始めた。

生徒R▼ちょっと前の『悪魔の詩（うた）』事件［*］などを聞いているから、イスラム教徒はおそろしいというイメージがあるけれど。

野崎●キリスト教徒だって、ずいぶんひどいことをしたのですよ。十字軍はトルコ軍との戦いに勝って、残ったイスラム教徒を教会に閉じこめて焼き殺したりしたみたいですね。現代に、同じことをイスラム教徒がやったとしても、あまり文句は言えないと思うんですけど。

生徒M▼よくわからないな。思想や宗教というのは、人命を越えるものなんですか。アメリカでも、中絶反対論者がお医者さんを殺したって聞いて、びっくりしたんだ。

野崎●ええ、あれはすごいですね。もちろん大多数の人は、ある程度手前でブレーキがかかるでしょう。仏教徒はわりあい穏やかだったみたいです。専門家によると、仏教徒同士でも殺し合いはあったらしいけど、人間の串刺しなんていうひどいことはしない。これはたぶん肉食人種と草食人種の違いじゃないかと思うんです。豚をバラして食べる連中と、野菜を食べている人たちと。それから、もうひとつの特徴として、草食の人たち、つまり農耕民族はだいたい男女同権なのに対して、肉食の狩猟民族は男のほうが強いんです。

生徒M▼狩りは男の仕事だからかな。西洋人はどっちの民族なんですか？

野崎●ヨーロッパ人は、最初は狩猟民族だったけど農耕文化をだんだん取り入れていくんですね。すると、おもしろいことにマリアの地位がどんどんあがっていくんです。

今じゃイエスとほとんど同格でしょ。神に祈るとき「マリアさま〜」と呼びかけるカトリック信者も多いです。ユダヤ人やイスラム教徒は、狩猟民族だから神さまは絶対に男なんですよ。イスラム教では、天国に行くと男は美女に囲まれてお酒ばかり飲んで暮らすんですって。だから僕も、死んだらマホメットのほうに改宗しようと思ってるんだけど（笑）。

［＊］『悪魔の詩』事件……イギリスの作家サルマン・ラシュディの長編『悪魔の詩』がマホメットを冒瀆（ぼうとく）しているとし、1989年、イランの最高指導者ホメイニ師が著者の死刑宣告を呼びかけた事件。日本では91年、同書の邦訳者五十嵐一（いがらしひとし）氏が暗殺された。

●信じる夢を大切に▼

生徒R▼いろんな占いや超能力が出てきましたが、あんまり厳密に気にしすぎるよりも、安心できる程度に気にしたほうが楽しそうですね。
野崎●ええ、遊びとして楽しむのがいいと思いますよ。最後にもうひとつ例を出すと、日本にも方角を気にする人が多いですね。でも、台湾の人たちはもっともっと正確に調べているので日本人のやりかたはダメだと言います。いつも方角を気にする日本人に「せっかくやるんだから、どうしてここまできちんと調べないのか」と訊いたら、「そんなのバカバカしい」って言うんですね（笑）。

生徒M▼おまえが今、気にしてるのは、何なんだ！（笑）

野崎●だから「楽しみ」なんですね。僕も本屋に行って占いの本を買ってきて、バカバカしいことが書いてあるのを読むのは大好きですよ。占い好きは日本だけにとどまらないようです。アメリカでも雑誌や新聞にアストロロジーの載っていない本がないくらい。

生徒R▼ドイツでもいろんな駅に、1マルク入れて名前と誕生日を入力すると「○○座の運勢」と書いた紙が出てくる機械がありました。

野崎●やっぱり未来は読めないから、そんなものでも見て、知りたくなるのでしょうか。

　そうそう、ジョイス［＊1］の作品に競馬で大穴を当てた話がありましたね。競馬のことしか頭にない男が、ある人と話をするんだけど全然かみあってない。相手が新聞を手に持っていて「これもう捨てようと思ってたから、やるよ」と言う。そしたら、競馬好きの男は勝手に馬の名前と聞き違えて、そうか、それで行こう！と思いっきり賭ける。すると大当たりなんですね。「新聞やるよ」に似たひどい名前の馬がいて、大穴だったらしいんです。行き違いだって当たるんですから、占いならもっと当たってあたりまえなのです。

生徒R▼占いもアテにならないけれど、科学だってわかっていないことは多いですよね。

野崎●そうなんです。科学は何でもわかっているような顔をしていて、じつはほとんどわかっていないと言ったほうがいいでしょう。ニュートン力学［＊2］は間違っていましたし、今の量子力学［＊3］だって正しいかどうかわからない。

生徒M▼科学者たちが一所懸命に研究している、その基本になる理論が間違っているの？

野崎●ええ。今の科学が絶対に正しいとは言えないのはあたりまえのことだと考えたほうがいいですね。量子力学も、個々の説についてはけっこう不都合が出てきたみたいです。

生徒R▼でも、それに代わる次の理論が出てきていないのですか？

野崎●ええ、だから、いろいろやりくりしてうまく使っているのです。

生徒M▼壊れてきたウチのテレビみたいだな。新しいやつ買いかえられないから、叩いたりアンテナいじったりして、なんとか使ってる。

野崎●それはいい喩えですね。科学の理論もだましだまし使っているのです。場合によってはもっと古い機種をひっぱり出してきます。ニュートン力学でも使えることは使えるんですね。オンボロだけど簡単に操作できる。げんに設計なんかでは使っているでしょう。

　現在の科学も占いも、絶対的なレベルに話を持っていくと同じになってしまいます。厳密に言えば、わかっていることはほとんどないけれど、それはまあ、哲学の先生のなわばりです。しかし、星占いにしたがって人工衛星を飛ばそうとする人がいますか。自分の人生について決めるときに星占いなんかに頼ろうとするのは、やっぱり馬鹿げたことだと思います。

生徒R▼馬鹿げたことだとはわかっているけれど、いっぽうで信じたいという気持ちもあるんです。

生徒M▼とくに、占いでいいことを言われたときなんかは、すぐに信じちゃう。

野崎●ええ、信じたいという気持ちを多くの人は持っているということは事実です。科学的な事実といってもいい（笑）。有名な占い師のなかにも、みんなの信じたいという気持ちに乗って、自分は嘘をついているということを知っていながら、やってる人もいるんじゃないかな。もちろん、自分で信じこんでやっている人もいると思うけど。

生徒R▼でも、それを信じて嬉しくなれるんだから、まあいいですね。

野崎●ええ、それで幸せになるんなら社会的に悪いことではないですね。だから、血液型も、星占いも、根拠がまったくないと断言して、せっかく信じている人の夢をくずすのはよくないかもしれませんね。

生徒M▼もう遅いと思うんですけど（笑）。

［＊1］ジョイス（James Augustine Joyce 1882–1941）……アイルランドの小説家。意識の流れによって内面を克明に描く。野崎先生の発言中に登場する競馬男の話は、超大作『ユリシーズ』の一節である。ほかに『ダブリン市民』『若き芸術家の肖像』『フィネガンズ・ウェイク』などの作品がある。

［＊2］ニュートン力学……ニュートン（Isaac Newton 1642–1727）が自ら開発した微積分学をもとにつくった力学体系。相対性理論、量子力学に対して古典力学とも言われる。①静止もしくは一様な運動をする物体は、力を加えない

限りその状態を持続するという慣性の法則 ②運動の変化（加速度）は力の大きさに比例し、同方向に起こるというニュートンの運動方程式 ③作用と反作用は常に逆向きで、その大きさは等しいという作用反作用の法則の3つを基本原理とする。

［＊3］量子力学……素粒子、原子など、微視的系の力学を扱う理論。粒子がもつ波動と粒子の二重性、測定における不確定性などを説明する、現代物理学の基礎理論。

第三章　推理のすすめかた

● あなたの帽子は何色ですか ▼

3人の生徒に、先生がそっと帽子をかぶせます。前からA君B君C君と並んでいて、帽子の色は順に赤、白、白。

自分より前に座っている子の帽子の色しか見えません。

先生は、まず1番後ろのC君に「あなたの帽子は何色ですか」と訊きます。次にB君にも同じことを訊き、最後にA君に訊きました。だれか自分の色がわかったでしょうか。


野崎●3人とも行儀よく前を向いて座っているので、自分の帽子の色も、自分より後ろに座っている子の帽子の色も見えませんね。あなたがC君なら何と答えますか。

生徒R▼わかりません。

野崎●B君に訊きました。

生徒M▼わかるわけないよ。A君に訊いてもわからない。

野崎●そうです。みんな自分の色が見えていないのだから、わかるわけがないのです。

ここで終わってはおもしろくないので、今度はヒントを出します。

①　帽子の色は赤と白の2種類だけ

②　3人のうち少なくとも1人は赤である

この2つのヒントを与えてから、もう一度C君に訊いてみました。答えは？

生徒M▼赤か白のどっちかだってことはわかったけど、それ以上はわからない。

野崎●次にB君にも訊きました。

生徒R▼B君も同じだと思います。

野崎●最後にA君にも訊きました。

生徒M▼わからない。

野崎●ところがA君はわかるのです。この状況をよく考えてみてください。さきに質問された子が「わからない」と答えたのを他の子は聞いています。後ろの子は、前の子の帽子の色を見て答えられるわけですね。

〈生徒たちしばらく考える〉

生徒R▼あっ！　もし前の2人が白なら、C君は自分が赤だとわかったはずですね。だれかは必ず赤じゃないといけないんだから。でも、C君が「わからない」と答えたってことは……。

生徒M▼前の2人が両方白だってことはない。そうか。C君の答えを聞いたA君とB君は、自分たちのうち1人は必ず赤だとわかるんだ。

野崎●ええ、ええ。

生徒R▼そして、A君が赤なのを見たB君は、自分が赤でも白でもいいということがわかって「わからない」と答えたんですね。

生徒M▼「わからない」という答えは、ただわからないことだけじゃなくて、どっちの可能性もあるとわかった、ということを示すのか。深いなあ。

野崎●そして、めでたくA君は自分が赤だとわかったのです。

　この問題は後ろから訊いていくのがミソですね。何も見えていない先頭のA君に一番に訊いても「わからない」と答えることは決まっているので、あとの2人にとって何の情報にもなりません。それに対して、C君の「わからない」はヒントになるのです。

生徒M▼でも、もし当てずっぽうで答えるヤツがいたら困るぞ。

野崎●そうなのです。ここで注意が必要なのは、当てっこじゃないということですね。小学校ぐらいだと「アカ！」とか「シロ！」とか元気よく叫ぶ子が多いそうですが、これは当たればいいというものではありません。ヤマ勘で「わかった！」と答えられても困るし、逆にアタマの回転が遅くて「わからない」のも困ります。

生徒R▼「わからない」と答えるのが正解の場合もあるんですね。

野崎●ええ。そのことが理解できると一歩進みます。さらに「わからない」理由を考えると、いろいろ見えてきます。どうも日本の学生さんは理由を考えるのが苦手な人が多いようですね。「村山新政権をどう思いますか」と訊くと、「いいと思う」とか「あまり期待していない」とか答えてくれますが、「どうしてそう思うのか」と訊くとつまってしまうのです。

生徒M▼僕も「なんとなくそう思ったから」としか言えないかもしれない。

野崎●当てっこと同じになってしまうのですね。食べ物の好き嫌いならそれ自体で立派な理由になるけれど、すべてがそれではいけません。


さて、この問題はまだ序の口です。同じ赤い帽子を使って、もう少しグレードアップした問題を考えてみましょう。

●賢者への贈り物▼

むかし、王様が高名な博士3人をお城に招き、全員に赤い帽子をかぶせたあと、小部屋に閉じ込めました。王様は「帽子は赤か白、1人は必ず赤」とヒントをつぶやくと、「話をしてはいけない、自分の帽子の色がわかるまで外に出てはいけない」と命じて扉を閉めました。しばらくすると3人揃って部屋を出ていきました。なぜでしょう。


野崎●これはなかなか難問ですよ。

生徒M▼部屋に窓があったら簡単だなあ。

野崎●ダメです。相手の瞳をのぞきこむと見えるなんていうのもナシです。あくまで、推理で考えてください。

生徒R▼ほかの2人が赤なのは、全員が見えているんですよね。でも自分のは見えない。だから自分だけが白かもしれない、と全員が思っている。

生徒M▼うん、うん。

野崎●この問題は、すぐに出ていかないというのが重要なヒントです。

生徒R▼しばらくすると、わかるのですか。

野崎●しばらくの間に何を考えるかですね。なにしろ高名な博士ですからよく考えるわけです。

生徒M▼高名な博士だからって、3人とも同じように自分だけが白かもしれないと思っているんじゃ何時間経ってもラチがあかないよ。なんとか解くカギは見つからないものか。

生徒R▼3人いっぺんに考えるより、だれかに注目したほうが良さそうですね。

野崎●そうですね。かりに1人をA博士として、彼の頭の中を想像してみましょうか。A博士は自分が赤か白かわからないけれど、ほかの2人の赤は見えています。A博士は、自分がもし白だったら、B博士はこう考えるはずだ、と考えます。

「A博士が白なのだから、私（B博士）がもし白ならC博士は〝2人の白〟を見ることになる。つまり、すぐに自分が赤だとわかり出ていくだろう。しかしC博士は出ていかないのだから、私は赤に違いない」

生徒R▼C博士が出ていったらB博士は自分が白だとわかるし、C博士が出ていかなかったらB博士は自分が赤だと、いずれにしてもすぐにわかるはずなんですね。A博士がもし白だとしたら。

生徒M▼ところがB博士は出てはいかない。ということは……。

生徒R▼A博士の「自分は白だ」という最初の仮定が間違っていたんですね。

生徒M▼白でないとすれば赤しかない。

野崎●ええ。B博士もC博士もまったく同じように考えて、しばらくして揃って出ていったのです。

生徒R▼3人全員が同じことを同じくらいの時間で考えたというわけですか。

野崎●ええ。もし、ひとり慎重な人や回転の遅い人がいたら、ほかの博士はパニックです。相手の行動に基づいて判断するのだから、頭の回転の速さがみんな同じで、さらに、そのことをお互いにじゅうぶん知っているということが大切です。

生徒M▼イタリア人なんか混じってたらめんどくさそうだな。考える前に動きそうだから。

野崎●日本人は、本社にファックスを送って指示を待たないと動けないから遅くなるなんて、よくからかわれますね（笑）。

　この問題で大事なのは「もし〜だとしたら」という仮定です。これは日常的にも使えます。「もし僕がお母さんの立場だったら」と考えればガミガミ言うのもわかるでしょうし、お母さんも、子供が学校に行ったら会ういやな教師やいじめっ子のことを考えれば、もっと優しくなるかもしれないですね。僕がそういう話をある本のあとがきにちょっと書いたら、英訳されたイギリス版からバッサリ切られていました。イギリス人はこういうベタベタした感情が嫌いだというのです。

それからもうひとつ、「もし〜だとしたら」の使い方は気をつけないといけません。

①　Aだとしたら話が合う。だからAだ
②　Aだとしたら話が合わない。だからAでない

②は背理法と言い、今使ったものです。２人の赤を見ている博士にとって「赤が１人だけ」だとしたら話が合わないので「赤が１人だけ」でない、と断定できます。これが正しいことはわかりますか。

生徒２人▼はい。

野崎●背理法は、数学の証明でもよく使われてるので、お馴染(なじ)みかもしれませんね。さて、①はどうでしょうか。

生徒Ｍ▼よさそうに見えるけど……。

生徒R▼私は、いい場合も悪い場合もありそうな気がします。

野崎●では、さっきと同じように考えます。２人の赤を見ている博士にとって「赤が２人だけ」なら話が合うので「赤が２人だけ」だと断定してしまっていいでしょうか。

生徒R▼話は合うけれど、３人か２人かはわからないので、ダメです。

生徒M▼間違えやすそうだね。

野崎●わかりにくいですか。さらに言いましょうか。M君の家で飼っている動物が卵を産みました。ということは、それがインコなら話が合いますね。だからインコに違いないという議論はどうですか。

生徒M▼ダメだよ。アヒルかもしれない。

野崎●そう、大きな鳥もワニも卵を産むのです。だから、気軽に「もし〜だとしたら」を肯定に使ったら、とんでもないことになります。飼っている動物が卵を産んだ場合「ネコでない」とか「ウサギではない」ことなら確実に言えますが、「〜である」ということ、産んだ動物が金魚なのか亀なのかカマキリなのかはわかりません。こういう断定は早とちりのもとですね。

赤い帽子を使った、推理についての重要なポイントは次の３つです。

①「わからない」理由を考えること

②　ほかの人はどう考えるかを考えること
③　仮定の使い方には細心の注意が必要なこと

最後にとびきり難しい問題を出して「赤い帽子」は終わりにします。

●自明のヒントは必要か▼

　7人のこびと君たちが白雪姫を丸く囲んで座っています。白雪姫は、4人のこびとに赤い帽子を、3人に白い帽子をかぶせました。それぞれ自分以外の6つの帽子は見えています。白雪姫は「帽子は赤か白しかなくて、少なくとも1人は必ず赤」というヒントを出したあと、「だれか自分の帽子の色がわかった人は？」と質問します。
①　白雪姫が質問を続ければ、だれか色がわかりますか。わかるとしたら何回質問したときですか。
②　ところで、「少なくとも1人は赤」だということは、7人とも見えています。このヒントは必要でしょうか。理由も書いてください。

野崎●①はおさらい問題です。白雪姫が質問を続けたら、こびとのうちのだれかが、いつかは自分の色がわかるのでしょうか。

生徒Ｒ▼全員が、わかったらきちんと答えて、当てずっぽうを言わないという約束なら。

野崎●そうでしたね。では、質問が何回必要かを考えていきます。最初の質問では、反応はどうでしょうか。

生徒Ｍ▼もちろんだれもわからない。

野崎●全員わからなかったということは何を意味しますか。

生徒Ｍ▼全員がだれかの赤を見ているということ。もし６人の白を見ているこびとがいたらすぐに自分が赤だとわかるはずだから。つまり、絶対２人以上赤ってことだよ。

野崎●そうです。ふたたび質問されると？

生徒Ｒ▼２人以上の赤がいるとわかったのでもし１人しか赤を見ていない人がいたら、自分が赤だと断言できるけれど、だれも断言しませんでした。

生徒Ｍ▼つまり、みんなが２人以上の赤を見ている。それはつまり、絶対３人以上は赤がいるということだね。

野崎●そうですね。赤の帽子のこびとも、白のこびとも2つ以上の赤をみています。そこまでいいですか。そして3回目の質問です。こびとたちの返事は？

生徒R▼今度はちょうど2人赤を見ているこびとがいれば、すぐに自分が赤だとわかるのですが、実際は全員3つ以上は赤を見ているから……。

生徒M▼またしても返事はナシだ。

野崎●ええ。でもその「だれも返事をしなかった」という事実から、4人以上が赤だとわかりました。

生徒R▼そして4回目のとき、ちょうど3つの赤を見ているこびとは、自分が赤だと答えるのですね。

生徒M▼正解は4回か。

野崎●ええ。ただ厳密に言えば、4回目の質問をする直前、つまり3回目にだれも答えないとわかった瞬間に、ちょうど3つの赤を見ている4人のなかで、ハシッこいこびとは「ハイ！」と叫ぶかもしれませんね。

　では②の問題にいきます。この問題では、全員が少なくとも3つの赤い帽子を見ているから「少なくとも1人は赤」なんてミエミエなんです。こんなヒントいらないと思いませんか。

生徒R▼そう言われてみれば……。

生徒M▼でも、いらないヒントならわざわざ出すわけないから、やっぱり必要だと思う。

野崎●それを言われるとこちらも困るのですが、もしヒントが必要だとすれば、その理由がわかりますか。

生徒R▼①の考え方をたどっていくと、ヒントなしでは永久に自分の色がわからないと思います。

野崎●ええ。結論からいうと必要です。この問題はたいへん高度なので、大学生に議論をさせても「よくわからないけど、いらないと思う」という人たちが半分以上いるのです。

　では考えてみましょう。全部で4つの赤があるから、全員が少なくとも3つの赤を見ています。そして、自分以外のこびとも必ずだれかの赤を見ているということを、やはり全員がわかっています。そこまでいいですか。

生徒2人▼はい。

野崎●それなら、どうしてヒントは必要なのでしょうか。

生徒2人▼……。

野崎●じつは、ちょっとごまかしてみたのです。A君B君C君D君の4人を赤とすると、A君はB君C君D君の3つの赤を見ています。でも「A君が3つ赤を見ている」ということを、B君は知っていますか。

生徒R▼あっ！　B君は自分が赤だとわからないのだから、A君がB君の赤を見ているかどうかはわからないのですね。

生徒M▼それにA君自身の赤も見えないいんだから、残りは2人か。

野崎●そうなのです。B君がA君についてハッキリ言えることは、「A君は、C君D君という2つの赤を見ている」ということだけです。本当のA君と1コずれてしまいました。

生徒M▼なるほど。

野崎●そしてその、B君のA君についての推測を、さらにC君が推測したら？

生徒R▼えっと、C君は自分の赤が見えないから、A君とB君とC君を除いたD君だけ？

生徒M▼つまり、C君は「B君は、A君はD君の赤を見ている、と思っている」としか言えないのか？　なんて減ってしまったんだろう。

野崎●確実に赤だと言えるのはたった1人ですね。ですから、全員が少なくとも3つ赤を見ていることを全員が知っているかというと、非常に疑問でしょう。

生徒M▼「少なくとも1つは赤」という、いっけんあたりまえに見えることも、推測の推測の……と考えていけば、あやしくなるんだ。

野崎●この問題で「推測」が大切なのは、ほかのこびとの頭の中をカギにして解くものだからです。

生徒R▼たんに自分が見えているだけではなく、そのこびとが見えているということを、ほかのこびとが知っているかどうかが手掛かりになるのですね。

野崎●ええ。そのことを、「知識を共有する」なんてうまい言葉を使った学生さんがいました。ヒントならば全員に共有され、それを前提にみんなが考えることができるのです。

今回は赤の帽子を使って、推理の威力をたくさん勉強しました。

第四章　鏡は気まぐれ

●鏡はなぜ上下を逆さに映さないか▼

ツシマ君は鏡をじっと見ていてあることに気がつきました。鏡は何でも逆さに映すと思っていたけども、じつはそうじゃないのです。大きな鏡の正面にまっすぐ立ち、右手を上げると、ツシマ君にそっくりな鏡の中の人は、こっちを向いて左手を上げています。でも、上というのは、2人とも同じです。

はて、上下は一緒なのに、なぜ左右だけが変わるのでしょうか。だれか教えてください。

生徒M▼言われてみれば、ヘンな話だ。
生徒R▼いつもそのように見えてるから何とも思わなかったけど、よく考えると不思議ですね。
野崎●この問題の意味はわかりましたか。じつは、問題じたいがわからないという人がいるのです。それもかなりたくさん。鏡の中の人物がこっちを向いていて、その人にとっての左手を上げている、というのが前提なんだけど、そうは見えないと言うんですよ。

生徒R▼じゃあ、どう見えているんですか？

野崎●僕なんかは、単純に目に見える通りに頭の中にも見える、自分によく似た人が左右逆になって立っているように見えますが、人によっては、頭の中にも本物の自分を見ているらしいんです。だから「もう1人の人がこっちを向いていると思ってくれ」と言っても「そんな人はいない」と言うだけ。映っているのは自分である、自分が右手を上げているんだから、鏡の中の自分も右手を上げているに決まってる、と強硬に頑張るのです。

生徒M▼へえ。鏡なんだから逆に映るのはあたりまえなのにね。

野崎●最初は僕も誤解していて、なんて頭の悪い人だろうと思っていたのだけど、頭の中の像がどうできているかは、人によって違うんですね。どういうふうに網膜に映るかじゃなくて、どういう立体画像を認識しているのかという問題なのです。頭の中の認識というのは非常に不思議で、少数だけど、鏡を見ても頭の中に左右が逆になっていない像が本当につくられる人が、いるらしいんです。そうなるといくら対話してもわからない。

生徒R▼でも、そういう人たちも、鏡だと気がつかなければ、自分によく似た人が左

手を上げているとしか思わないでしょうね。

野崎●ええ、暗い喫茶店なんかで壁がわりの大きな鏡をはさんでいると、向こうからだれかやってくるように感じると思います。

生徒M▼頭の中にほかの人と違った映像が見えるのですか？

野崎●どうなんでしょうか。これは、お化粧でいつも鏡を見るからなのか、女の人に多いらしいんですよ。右側にほくろがある人が鏡の正面に座ると、鏡の中の人物にとっては左にほくろがあるように見えていいと思うけれど、そうは見えなくて、きちんと右側にあるように見える。頭の中には自分の正しい方向の姿が形成されているんですね。

　じつは、僕もこういう認識をしているときを見つけたんですよ。

生徒M▼えっ。

●逆立ちも馴れれば快適⁉▼

野崎●車を運転するとき、たいていは右ハンドルの車があとをついてきます。その車がバックミラーに映ると、左右逆になっているから、本来なら左ハンドルの車に見え

るはずなんですね。

生徒R▼はい。

野崎●ところが、いつも運転していると、バックミラーに映っている車は、後ろから来ている右ハンドルの車だというのがわかって、ちゃんとそのように見えるのです。網膜には左ハンドルの車がこっちを向いているように映るはずなんだけど、大脳の認識系にいくと、ちゃんと、後ろから右ハンドル車が来ているという立体画像をつくっています。

生徒R▼それは、野崎先生の車と同じ側にハンドルがある車が鏡に映っている、だから、後ろからやっぱり右側にハンドルがある車が来ているに違いない、と瞬間的に考えてしまうのとは違うんですか？

野崎●じゃないと思います。本当に理屈抜きで、後ろから右ハンドルの車がついてくるふうに見えるのです。なぜそれがわかったかというと、その後ろの車が左折したとき、左に曲がるんだから、前ページの図のようになりました。その瞬間、頭の中で、右ハンドル車が後ろから来ているという認識ができなくなって、左ハンドルの車に見えたんです。頭の中の立体画像を構成する過程が今まで通りにいかなくなったんですね。

生徒M▼いきなり、右折したように見えたのですか？

野崎●右折というより、左ハンドルの車が自分の前方から来て、こちらから見て左側に曲がっていくように見えました。じっさいには後ろの車が左折しています。あれっと思ったときによくよく考えてみたけど、それが鏡の場合にはあたりまえなので、それまでちゃんと右ハンドルの車が自分の後ろからついてきていると認識していたほうが不思議なんですね。

生徒R▼いつも運転しているうちに、前のミラーに映る車を後ろの車として見ることができるようになったのでしょうか。

野崎●そうかもしれません。人間の大脳というのはすごいものです。上下だって反転できるという実験を知っていますか？

生徒R▼ええ、聞いたことがあります。上下が逆さまに見えるしかけの眼鏡を、1週間ぐらいかけていたら、ちゃんとふつうに歩き回れるようになるそうですね。

生徒M▼そうなの？　逆立ちして頭で歩けるようになったとかじゃなくて？

野崎●違います。その眼鏡をかけると網膜に映っている像は、完全にふつうの人と逆になるはずなんだけど、大脳の中の操作でうまく見えるようになるんですね。時間が経って馴れさえすれば。

生徒M▼都合よくできているんだな。

生徒R▼1週間程度で大脳の像は入れかえたりできるものなんですか？

野崎●そうらしいです。日数は不確かだけど、戻すのもやっぱり1週間ぐらい。

生徒R▼あまり繰り返すと体に悪そうですね。

生徒M▼そのかわり、思考の視野が広がるかもしれない。

●　左と右はだれが決めた？　▼

野崎●大脳の認識の個人差がひとまずわかったところで、もう一度問題を考えます。

　鏡に向かって立ち、右手を上げます。鏡の中の人は別の人物だと思ってください。その人は自分と向かい合って立ち、左手を上に上げる。じゃあ、最初に戻って、どうして左右は逆転するのに、上というのは共通しているんですか？

生徒M▼鏡が正面にあるからでしょう。足の下に鏡があったら、やっぱり上下も逆になる。

野崎●その通りなんですが、鏡が下や横にあるときの話はちょっとあとで考えることにして、では、なぜ鏡が正面にあったら、左右だけが入れかわるのでしょうか。

生徒R▼左右が変わるのは「自分にとっては」と言うからじゃないですか。いくら、中の人の左手だからって、本物から見ればやっぱり右側にあります。

生徒M▼上だったら、本物が見ても上だし、中の人にとっても上だよ。

野崎●この問題で大事なのは、上下や左右という言葉の定義です。上下の定義は、頭が上で足が下というのと、重力が働く方向が下というのと2種類ありますが、どっちがいいでしょうか。

生徒R▼重力がいいです。

野崎●すると、人間の姿勢とか向きというのが一切関係ないんですね。だから絶対的な尺度になる。それから「頭が上、足が下」と定義したとしても、ふつうに立っている限り一定です。そこまでいいですか？

生徒2人▼はい。

野崎●ところが、左右はどうでしょうか。

生徒M▼ふつう、右手のほうが右って考えるから、後ろを向いたら逆になる。

野崎●そうなのです。左右はいつでも人間が見ている方向に依存します。だから、左右は定義しにくいですね。辞書には、たとえば、「北を向いたときの東側が右で、西側が左」と定義されています。そこで今度は東をひいてみると、「北を向いたときの右側」なんて書いてある。

生徒M▼全然説明になってないじゃん。

生徒R▼そういえばクラスに右ひだりをいつも混同している友達がいます。そんな人に、めったに使わない東や西で説明してわかるとは思えません（笑）。

野崎●ええ。そこで僕は、辞書に◎と△の絵を書いて「あなたがこの辞書を正しく持ってこのページを開いたとき、◎のほうは右、△のほうは左」としたらどうだろう、というようなことをある雑誌に書いたら、国語学者のなかにもそう思っていた人がいたようです。

生徒M▼たしかにいい考えだ。

野崎●それから興味をもっていろんな国語辞典を調べているんだけど、「この辞書の偶数ページのあるほうが右である」なんて書いてあるのもありました。ただこれも、ひねくれた人に本を逆さまに持たれると困るんです。正しい方向で見てもらう、という説明がほしかったですね。

生徒R▼そんな人あまりいないとは思いますけど（笑）。

野崎●話を戻します。左右が視線によって決まることを考えたら、鏡を真っ正面に置いたとき、中の人にとっての左右が変わるのは当然なんですよ。視線の方向が入れかわるんだから。

生徒R▼上下方向は視線に依存しないから、中の人から見ても、本物の人から見ても変わらないけれど、左右は「だれにとっての」というのが重要なんですね。

野崎●ええ、基準を変えて「この人にとって」と言った途端に視線がひっくり返ります。

では、次に鏡を真横に置きます。（左図）ちょっと苦しいけど横目を使って見てください。右側のほっぺたにほくろがある人が真右に鏡を置くと、中の人はどうなりますか？

生徒R▼左側にほくろがきます。

野崎●でも逆転のしかたはちょっと違います。さっき、鏡を正面に置いて右手を上げたとき、鏡の中の人は、その人にとっての左手を上げていましたが、本物の人間から見れば右側でしたね。

生徒2人▼はい。

野崎●ところが、真横に置くと、本当に逆転している。右側にあったはずのほくろが、鏡の中の人にとっての左側に移動しているだけではなくて、本物が考えても、左側なのです。

生徒M▼あれっ。

生徒R▼でも、視線の向きが変わらないんだから、双方にとって同じ側に見えるのは、当然なんじゃないですか？

野崎●その通りです。さっきの説明で考えると、鏡を正面に置くと視線が向き合い、見る方向が逆転しているから左右が逆になるけれど、真横に置いたら2人は横並びになるわけで、見る方向は同一なんですね。

生徒M▼ちょっと待って。双方とも同じ向きに見える理由はわかったけど、この場合は、双方が逆になっているんだよね。視線の向きが同一ということなら、上下と条件はいっしょだよ。なんで上下はそのままなのに、左右だけが変わるんだろう？

野崎●そこからがややこしくなるんです。

●鏡の本性をあばく▼

野崎●鏡を真横に置いたとき、右のほくろが左に移動してしまいましたが、上と下については変わりませんでした。今度は視線の方向が変わらないので、それで説明することはできません。それでは、いったいどうしてでしょうか？

生徒R▼視線の方向でダメなら、鏡の性質というしかないですね。

生徒M▼鏡の気まぐれな性質か。

野崎●気まぐれなのかどうか、座標を書いて鏡の性質を考えてみましょう。

　xyzの座標空間のyz平面に鏡を置いてみます。点Aの座標（3, 2,-5）を考えたとき、鏡に映った点A′はどんな値になりますか？

生徒R▼（-3, 2,-5）になりました。

生徒M▼空間内での対称移動ってやつだね。yの値もzの値もそのままだけど、xの値だけは3が-3になった。

生徒R▼鏡が置かれていない軸だけ、＋と－が入れかわる、ということかしら。

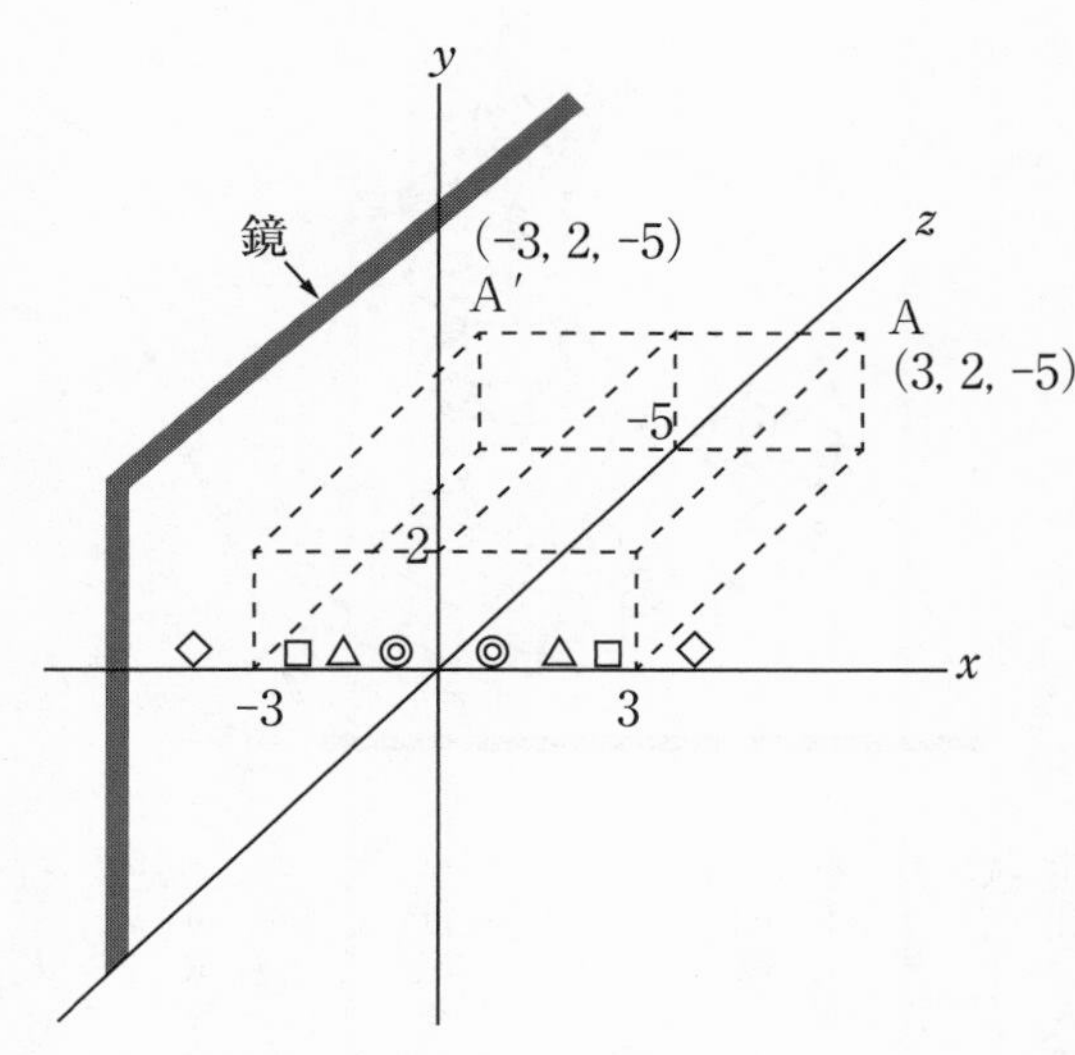

野崎●鏡には、垂直方向の順序が入れかわる作用があります。y軸やz軸は鏡に含まれているけれど、x軸だけ垂直に交わっていますね。x軸に立体を並べるとx座標の値の大きいほうから順に◇、◎、△、□、△、◎と並んでいる物体が、◎、△、□、△、◎、◇と逆転します。鏡にいちばん近い◎が、鏡の中の像としても鏡に近く、遠くにある◇はやっぱり遠く、鏡までの距離がちょうど等しくなるように順序が入れかわっているのです。それ以外は何も逆転されていない。鏡に向かって人が立つ場合、頭と後頭部の順序は鏡の垂直方向に沿っていますから入れかわっちゃうんですね。

生徒M▼そのために、視線が入れかわって、左右が入れかわった。上下は鏡に平行だから変わらなかったんだね。
生徒R▼横に立つと、今度は、右耳と左耳の順序が鏡と垂直に交わるから、本当に入れかわってしまうんですね。
生徒M▼なるほど。

● 左右は上下に従属する ▼

野崎●それでは下に置いた場合を考えます。鏡を下に置くと、重力方向が鏡に対して垂直となりますから、上下が入れかわるというのはいいですね。

生徒2人▼はい。

野崎●本物が手を上げると、中の人の手は本物

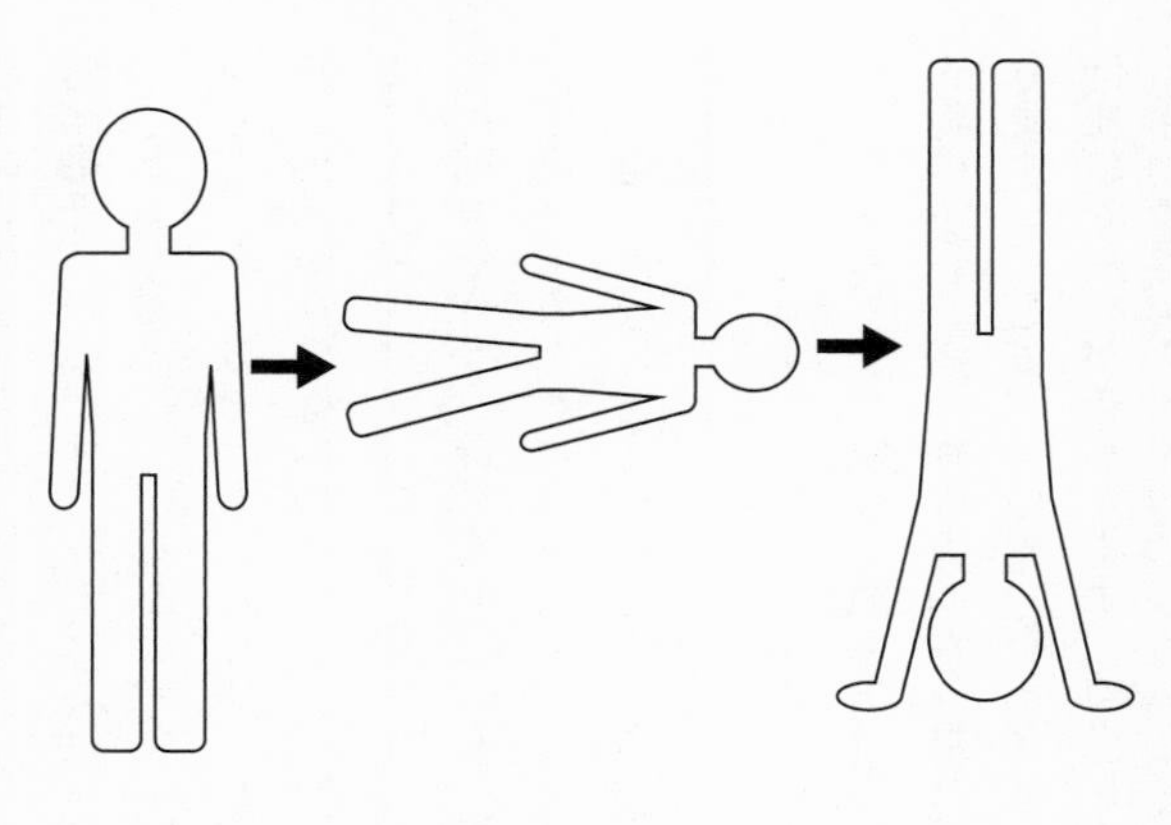

から見れば下に下がる。では、上げたのが右手だった場合、中の人も右手を上げていますか？

生徒M▼ええっと、左手になってるよ。

生徒R▼本物が下を向くと、中の人は上を見ますよね。視線の方向が逆転しているので左右も逆になるんだと思います。

野崎●ええ、でもここは下を向かないで、第三者が観察することも可能です。すると、中の人もまっすぐ前を見たままです。

生徒M▼方向は同じなのに、左右が違う。これじゃ、さっきやったのと違うよ。


〈生徒たちしばらく悩む〉

生徒R▼あっ。視線の方向が同じだと言っても、この場合、本物の人はふつうに立っていて、鏡の中の人は逆立ちしていると考えられますね。

野崎●そうなんです。左右は方向に依存すると言ったけれど、じつは方向だけじゃなく、上下も関係しているんですね。同じ方向を向いたまま側転をするように逆立ちをすると、右手はどっちに行くか。左右の定義に戻ると、たとえば北を向いたときに右側が東というのはふつうに立てばの話で、北を向いたまま逆立ちしたら、右側は西になります。

生徒M▼そうか。前後方向だけじゃなくて、上下が決まらないと左右が決まらないんだ。考えてみたらあたりまえだけど。

野崎●そうなんです。鏡を下に置いた場合は上下が逆転するため、左右もつられて逆転するのです。

　繰り返しますが、鏡を正面に置いたときに左右が逆転するのは、視線の方向が向かい合うからです。視線は鏡に垂直に交わるので逆転するんですね。鏡を横に置くと、人物の左右と鏡の垂直方向が一致しますから、映っている人間の左右が本当に逆になります。そして、下に置いたときは、視線の方向は一緒でも上下が入れかわるので、付随して左右が変わります。納得しましたか。

生徒R▼はい、わかりました。

生徒M▼僕も完璧にわかった。

野崎●ここまでわかれば有段者ですね（笑）。

今回は、鏡が何を逆転させ、何を正しく映すのかを詳しく調べてみました。

第五章　結婚定理

●理想の相手はだあれ？▼

企画団体「ペブル」は、音楽好きの若い男女をそれぞれ5人集めて、いわゆる「ねるとんパーティー」を開きました。テレビ番組と違うのは、数学を利用してもっとも公平な組み合わせをつくるところです。

やりかたは、まず、主催者が10人全員から小声で好みの相手（なるべく複数）を教えてもらいます。全員のデータを集めて、お互いに指名した場合にだけ線をひき、最高の組み合わせを考えるのです。

〈結果〉（得意な楽器名）

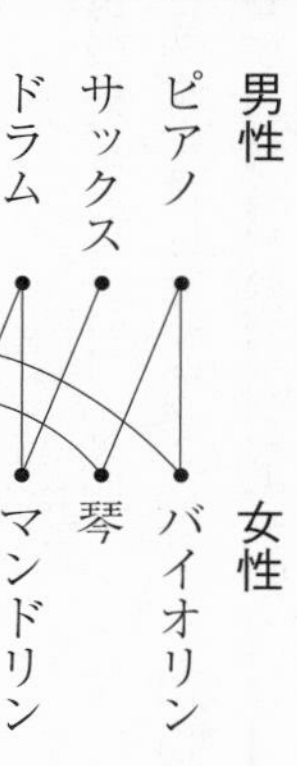

①全参加者の希望に沿う組み合わせをつくることはできますか？
②①のような組み合わせができるためには、どのような条件が必要ですか？

野崎●これはグラフ理論というものを使って考える問題です。グラフ理論は日常生活に非常に役に立つので、いずれ高校数学のカリキュラムに入れようという動きもあります。僕もそれを応援しているひとりなんですよ。

それはともかく、君たちは「グラフ」というと何を思い浮かべますか。

生徒R▼放物線を描く2次関数のグラフとか、地理の時間の統計に出てくる円グラフや折れ線グラフです。

生徒M▼『朝日グラフ』なんて雑誌もあるし、テニスの選手にもそんな名前の人がいたな。

野崎●ところがグラフ理論の「グラフ」は、写真集ともテニス選手とも違って、点と点を線で結ぶものです。わかりやすい例で言うと電車の路線図がそうですね。山手線の線路を上から見ても丸くありませんが、路線図では丸く書いて差し支えありません。電車に乗る人が知りたいのは、恵比寿から御茶ノ水に行くためには、どこで乗り換えればいいかなんですから。

このように形状や距離を無視するのもグラフ理論の特徴です。

さて、①の問題は10人の男女を、全員が満足できる組み合わせで結びつけようというものです。いちばん好きな人というのではなくて、まあつきあってもいいだろうという相手に矢印をひき、両方に矢印がある組をまとめます。この線を使って、全員を満足させるうまい組み合わせを見つけるのですが、まずどうしたらいいと思いますか？

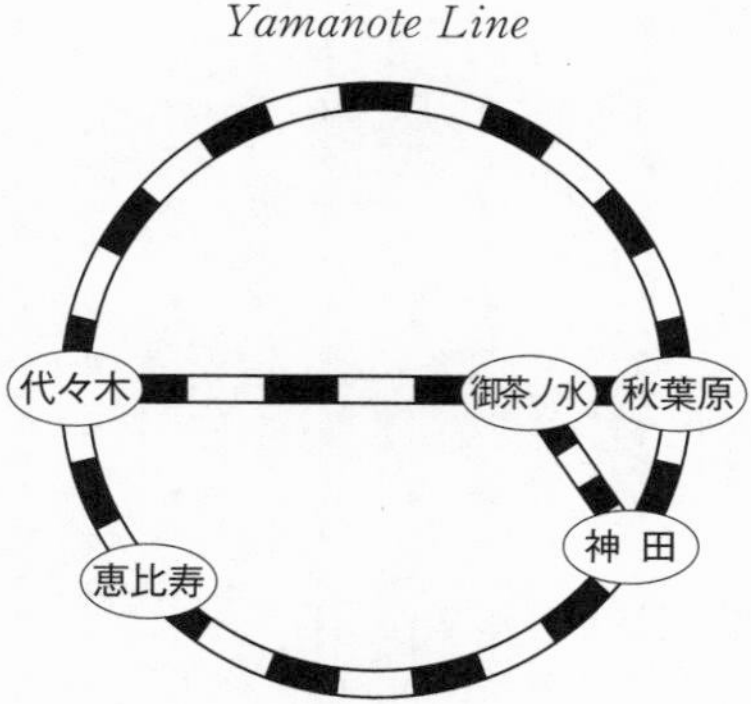
Yamanote Line
代々木
御茶ノ水
秋葉原
神田
恵比寿

生徒R▼サックス君にはマンドリンさん以外の選択肢がないから、最優先で決定するしかないですね。

生徒M▼なんか得してるな、サックス君は。そうすると、ドラム君にはフルートさんしかいなくなって、2カップル誕生だ。

生徒R▼残った6人は、みんな2本ずつ可能性がありますね。ためしにピアノ君とバイオリンさんのカップルにしてみると、チェロ君はたて笛さん、尺八君は琴さん。なんとかうまくできました。

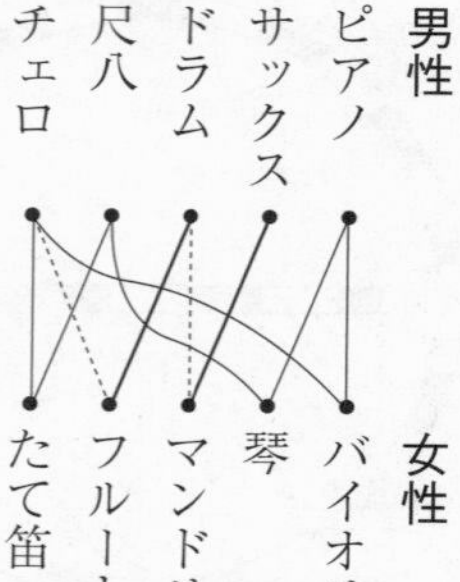

男性　　　女性
ピアノ　　バイオリン
サックス　琴
ドラム　　マンドリン
尺八　　　フルート
チェロ　　たて笛

生徒M▼ピアノ君と琴さんでもできるかな。バイオリンさんにチェロ君、たて笛さんに尺八君。ほら、うまくできた。

野崎●ええ、Rさんの組み合わせでも、M君の組み合わせでも、全員が幸せになりましたね。この問題には解が2つありました。でも、いつでも具合よくいくとは限りません。たとえば、ドラム君とフルートさん間の線を消してしまうと解はなくなるんじゃないかな。2人の男性が1人の女性に集中するケースがあってはいけないでしょう。解の存在判定はできたので、次は問題②、うまくいくための条件を考えてみます。

生徒M▼なるべくたくさん線がひいてあったら、うまくいく可能性は増える。

生徒R▼でも、サックス君みたいに一途（いちず）な人がいても大丈夫だったじゃない。

野崎●男性全員について、対応する可能性のある女性を列挙しましょう。

〈男性〉　〈対応する可能性のある女性〉

ピアノ……………バイオリン、琴
サックス…………マンドリン
ドラム……………マンドリン、フルート
尺八………………琴、たて笛
チェロ……………バイオリン、フルート、たて笛

野崎●男性1人に対して必ず1人以上の女性が対応しています。まあ当然ですね。

生徒M▼女性にまったく興味ないやつや、全然もてない男の子は最初っから参加していないに違いない。

野崎●次に全体を見ると、男性5人に対して5人の女性が対応しているのもいいですね。かりに4人しか女性がいなかったとしたら、どうなりますか？

生徒Ｒ▼男性が１人余ります。

野崎●そう。そこまでは基本です。今度は、ある２人の男性を取り出して考えてください。

生徒Ｍ▼マンドリンさんとドラム君に対応する女性は？

野崎●サックス君とフルートさんの２人が対応します。

生徒Ｍ▼ピアノ君とサックス君だったら？

野崎●ピアノ君とサックス君だったら？

生徒Ｒ▼バイオリンさん、琴さん、マンドリンさんの３人です。

野崎●そう。もし男性３人に２人の女性しか対応しないとしたらうまくいきません。

生徒Ｍ▼でも、逆から考えたらどうなるの？　女性３人に男性２人というのは……。

生徒Ｒ▼バイオリンさん、琴さん、マンドリンさんの３人は、ピアノ君、サックス君以外にも対応する人がいるでしょ。チェロ君も尺八君もドラム君もいるから、５人とも！

生徒Ｍ▼そうか。

野崎●せっかくですから、女性の側からも見てみましょう。５人に対して５人なのは同じです。適当に女性２〜３人ずつを選んで対応させてください。

生徒Ｒ▼フルートさんとたて笛さんには、ドラム君とチェロ君と尺八君、琴さんとマンドリンさんにはピアノ君と尺八君とサックス君とドラム君……。

生徒M▼めんどくさいから、また、表にしよう。

〈女性〉　〈対応する可能性のある男性〉

バイオリン……ピアノ、チェロ

琴…………ピアノ、尺八

マンドリン……サックス、ドラム

フルート………ドラム、チェロ

たて笛…………尺八、チェロ

生徒M▼すべての女性が2人に対応しているんだから、女性2人を選びだしたときに2人以上の男性が対応するのはあたりまえだね。3人ずつでも……たぶん、大丈夫そうだ。

野崎●この場合、女性3人に対応する男性が合わせて2人以下になるためには、3人とも同じ2人の男性に対応する場合だけど、そんなことはないですね。最後に考えられるのは、女性4人が3人の男性に対応する可能性だけです。その男性3人というのは、残る1人の女性に対応する男性2人とは重ならない3人ということです。いいですか？

生徒R▼はい。そうでないと男性が全部で5人にはなりませんね。

生徒M▼逆から考えて、対応している男性が2人とも、ほかにだれも見向きもしない人だった、という女性が1人いればよさそうだけど、それはない。

野崎●ええ。そういうわけで、どういう組み合わせをしてもうまくいきそうですね。

解が存在するための必要条件として、

任意に選んだ女性（男性）の数 ≦ 対応する男性（女性）の数

という不等式ができました。

生徒R▼この不等式がどんなときにも成り立てば、必ず解が存在するんですか？

野崎●どんな選び方をしても成り立つなら解が存在します。そうすると、同時に十分条件にもなるのです。必要十分条件ですね。これには「結婚定理」という名前がつけられています。

生徒R▼結婚相手をさがす定理ですね。

野崎●結婚相手や恋人さがし以外にも使えますよ。たとえば就職のときも、R社は3

人、M社は4人の新卒枠を用意して、いくつか条件を出します。成績優秀者とか、運転免許証所持者とか。

生徒M▼ギャグのセンスがいいとか。

野崎●ええ。すると、それぞれの会社の条件にあてはまる学生が挙がってきます。学生のほうにも勤めてみたい会社とあまり勤めたくない会社というのがありますから、双方とも条件のあう場合にだけ線をひきます。これはなかなか実用的でしょ。

生徒M▼でもこの定理は、たまたま2人取り出してうまくいった、というんじゃなくて、たくさんの場合を考えてみないといけないんだね。5人ぐらいならともかく、100人になったらおそろしく面倒だ。

野崎●ええ。すべてをさがすのはじつは大変なのです。理論屋にとってはおもしろい定理なんですけれど、ちょっと見かけ倒しですね。

この問題は、ときどきコンピュータにも解かせるのですが、数が大きくなるとコンピュータにも難しい。なにしろ、ありとあらゆる可能性を考えないといけないんですから。それくらいだったら、さっきのように適当に線をひいていって、見つかったらバンザイと喜ぶほうが早いかもしれないですね（笑）。

第六章　一筆がきと、その裏返し

●ケーニヒスベルクの不思議な橋▼

昔むかし、東プロイセンの首都ケーニヒスベルクに7つの橋が架かったおかしな形の川がありました。ある人が、同じ橋を2度と通らずに7つの橋をすべて1回ずつ渡ることはできないかという問題を考えついたので、ひま人を自負する市民たちがこぞって試してみましたが、だれひとりうまくいきませんでした。どうしてでしょうか。

野崎●ケーニヒスベルクの橋というのは、歴史的に有名な話です。同じ橋を2度通らずにすべてを渡ることはホントにできないでしょうか。もちろん、泳いだり、空を飛んだりというのはナシですよ。

〈生徒たち、しばらく考える〉

生徒R▼どうしても1つ余ってしまいます。

野崎●無理ですね。ケーニヒスベルクの市民も渡れないということはわかったのですが、どうしても無理だという証明をすることはできなかったのです。しかし、18世紀にオイラー［*］という数学者が証明に成功しました。

オイラーは、川で仕切られた土地を大きな丸と考えて、左のような図を書きます。

生徒M▼一筆がきの問題になるわけだ。

野崎●ええ。そこで、これを説明するために一筆がきの問題をほかにも試してみます。

次ページの図のうち一筆がきができるのは？

生徒R▼(2)と(3)はできました。

野崎●できた図形に何か特徴がありますか？

生徒M▼えっと、全部の辺を数えていったら何本になるだろう？　でも関係ないか。

野崎●ではヒントです。一筆がきができた図形の各々の○にいくつ辺が集まっているのか数えてみてください。

生徒R▼(2)の図形は、Aからアルファベット順に3、3、4、4、4、2になります。

生徒M▼(3)は順に2、4、4、4、2です。(3)はすべて

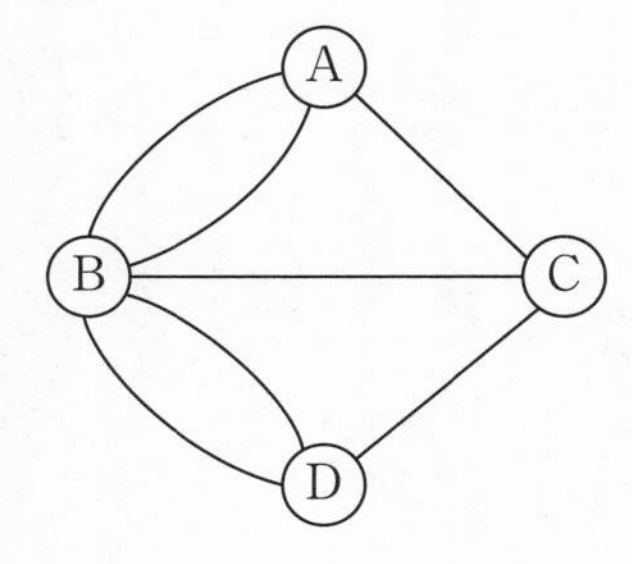

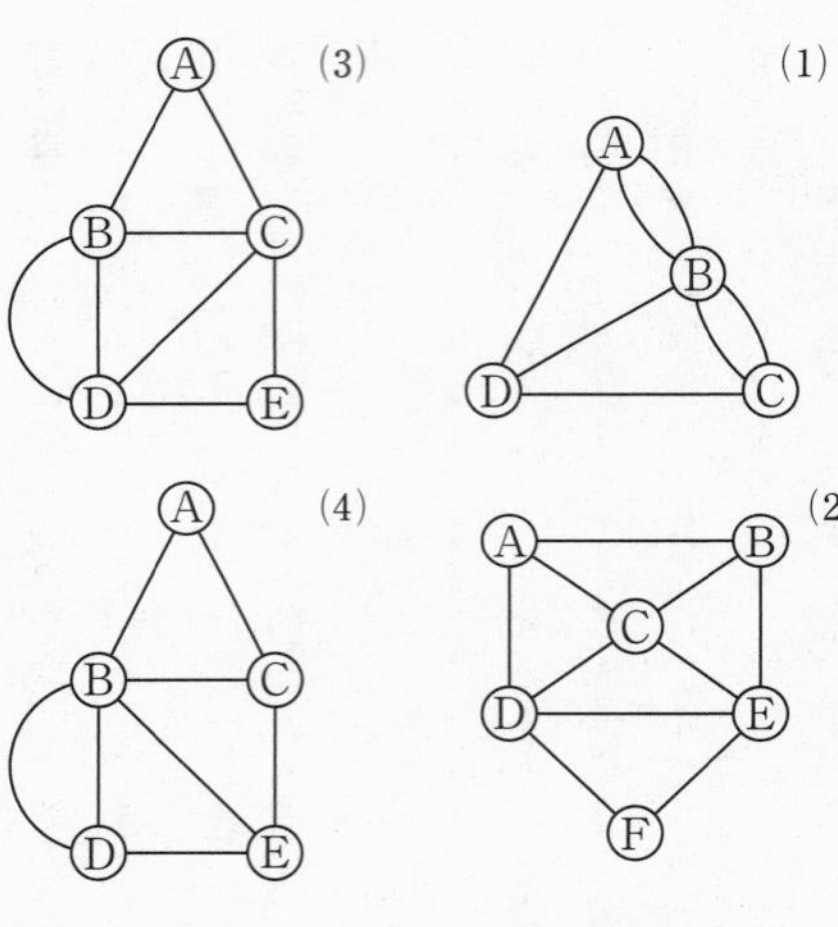

偶数だけど、(2)は違うなあ。

野崎●ついでに、できなかった(1)や(4)は？

生徒M▼(1)は3、5、3、3だし、(4)は2、5、3、3、3。ほとんど奇数だ。

生徒R▼できない図形は奇数が多くて、できる図形は偶数が多いのは、なにかありそうね。

生徒M▼そうか、わかった。一筆がきをするためには、線がスムーズに通過していかなくちゃならないんだから「入る」と「出る」と、必ず2回ずつ線がひかれるんだね。で、(2)のAとBが奇数なのは、出発点と終点だから「入るだけ」「出るだけ」でいいってことなんだ。

野崎●その通りです。よく気がつきました。

生徒R▼(3)のように出発した○と同じ○に戻る図形なら、辺が奇数個集まる○はないんですね。

野崎●その場合は(2)の出発点と終点をつなげたと考えれば、わかりやすいですね。逆に言えば全体がループになった(3)のような図形をどこかでチョン切れば、(2)と同じことになります。

生徒M▼なるほど。

野崎●これで一筆がきができるためには、奇数個の辺が集まる点（○）の数が0か2である、という必要条件ができました。もちろん全体がひとつながりの図形、という大前提を忘れてはいけませんが。大前提とあわせると十分条件にもなります（オイラーの定理）。

もう、みなさんもケーニヒスベルクの橋を渡れないことの証明は簡単にできますね。次に、一筆がきに似た、もうひとつの図形についてお話しましょう。

［＊］オイラー（Leonhard Euler 1707–1783）……スイスの数学者、物理学者。ペテルブルグ学士院で物理学、数学を教えたのち、ベルリン学士院に赴き、灌水施設の設計、政府発行の暦の監修などを行なった。再びペテルブルグに戻って天文表の計算をし、その直後に失明したが、さらに幅広く研究を続けた。

すべての○をかならず1回ずつ通るスムーズな道はありますか。(通らない辺があってもよい)

A

B

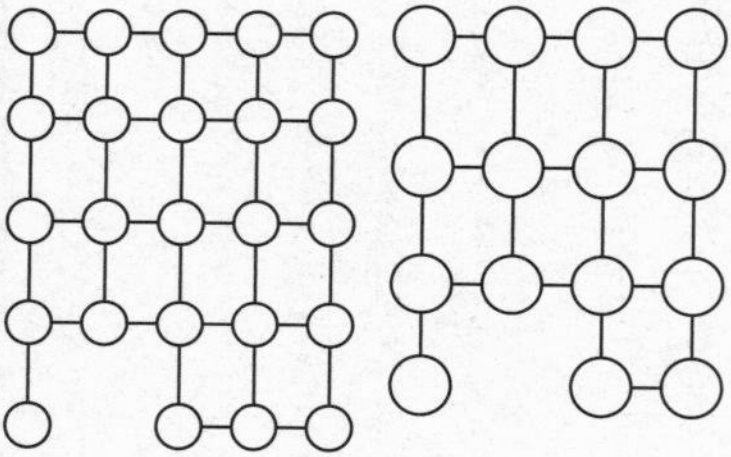

●一筆がきの裏をかく▼

生徒M▼Aは簡単にできたけど……。

生徒R▼Bはどうしてもできません。

野崎●正解です。でも、これで終わりにしないで、今回はこの問題を考えながら現代数学の世界をのぞいてみます。

§

次のページの絵は、19世紀にハミルトン[*]というイギリスの数学者が考案したおもちゃです。木製の盤にくぎをさしこんで、ロンドン、ワルシャワ、ベルリン、バンコク、サンパウロ、東京など、20個の世界の都市を線で結んであります。この問題と同じようにすべての都市を1回ずつ訪問する道をさがします。このおもちゃのために、すべての○をちょうど1回ずつ通るコースのことを一般にハミルトン路と呼ばれるようになりました。

生徒M▼簡単にできた。

野崎●ええ。このおもちゃは残念ながら全然売れませんでした。やってみるとわかるけれど、やさしすぎるのです。数学でも物理でも偉い学者だったハミルトンなんですが、発明のアイディアはあまりなかったようですね。ゲームというのは簡単そうで案外難しいとか、難しく見えてもちょっとしたひらめきで解けるとかでないといけません。

　ところで、なぜこのゲームや問題のAは簡単にできて、問題のBはできないのか、わかりますか？

生徒M▼なぜと言われても、できなかったから、としか言いようがない。

野崎●ええ、じつはこれ、いまだにいい定理が発見されていないのです。一筆がきにはオイラー大先生の素晴らしい定理がありましたけれど、今の

ハミルトンのおもちゃ

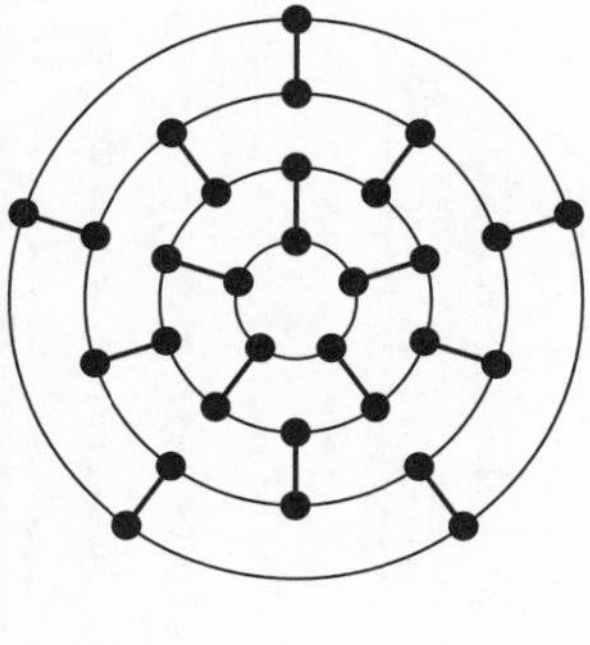

ところ、ハミルトン路をサッと解く方法は知られていません。いろんな状況証拠から
うまい方法が存在しないことが予想されてはいるけれど、絶対存在しないことは証明
されていないのです。定理があるのならさっさと発見してほしいし、存在しないなら
それを早く証明したいのですが、なかなかできないのですね。
生徒R▼今もだれかがやっているんですか?
野崎●いろんな人がやっています。僕はどちらかというと、存在しないほうに賭けて
いますが、もしこれをうまく解く方法が見つかったら、数々の実用的な問題がサッと
解けるようになるのです。長らく単なるパズルだったハミルトン路が、コンピュータ
の問題としてけっこう難しいことがわかってきました。

[*] ハミルトン (William Rowan Hamilton 1805–1865) ……イギリスの数学者、理論物理学者、天文学者。光学、力学、解析力学、代数学の各分野にすぐれた業績がある。

●うまい定理をさがせ！▼

生徒M▼売れなかったおもちゃの研究を、いろんな数学者がやっているんだね。

生徒R▼人間ならひたすらやってみれば解けると思いますが、コンピュータはどうやって解くのでしょうか？

野崎●いい定理がない場合は全数検査、俗にいうシラミつぶしをして、ありとあらゆる可能性を調べます。まず、都市が全部で20個あるので、出発点が20通り考えられます。次からは常に2通りずつの可能性があります。何通りの可能性を考えなくてはいけないか、式で表すとどうなりますか？

生徒R▼20×2×2×2×2×2×2×……

野崎●そうです。ふつうの一筆がき、オイラー路をさがすには各○に集まる辺の数が奇数か偶数かを順番に見るだけなので、○の数を10とすると10回判定するだけ、20だったら20回判定するだけで済みました。つまり、○の数をnとすると、nに比例する時間がかかるだけでしたが、ハミルトン路はどうですか？

生徒M▼さっきの式だと、20×2^{19} だから、えっとえっと（電卓を取り出す）2^{19} が約

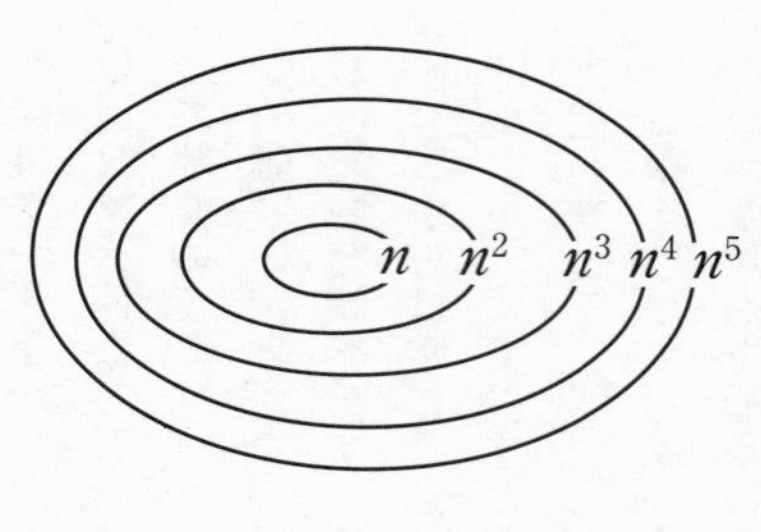

52万で、掛ける20だから1000万。1000万通りの道を判定しなくちゃいけないのか。気が遠くなりそう。

野崎●何回の計算を重ねれば解けるか、言いかえればどのぐらいの時間がかかるかというのはコンピュータにとって重要な問題です。1000回や1万回ならまだしも、1兆回かかると、大きなコンピュータといえどもしばらく黙りこんで返事をしなくなるのです。だから1京（けい）（1兆の1万倍）回計算すれば解けると言われても、あまり嬉しくないですね。

上の図では、いろいろな問題を、やさしいものを内側にまとめて描いてあります。いちばん内側に、オイラー路のようにnに比例する時間で解ける問題を入れ、次の円にはn^2に比例する時間でできるもの、n^3、n^4とだんだん難しくなります。n^3に比例する時間のところには、連立n元方程式が入ります。

生徒M▼ハミルトン路はどこに入るの？

野崎●それが問題なのです。

生徒R▼さっきの式では、nそのものじゃなくて2^{n-1}比例して

nの値	2	5	10	20	50
2^n	4	32	1,024	1,048,576	1,125,925,500,000,000
n^2	4	25	100	400	2,500
n^3	8	125	1,000	8,000	125,000

いましたね。

野崎●ええ、ハミルトン路を全数検査でやると、ほぼ2^nに比例する時間がかかりました。2^nというのは、n^3、n^4、n^5……と、どこまでいっても入っていません。

生徒R▼n^3、n^4、n^5……というほうが、2^nよりも大きい気がするのに……。

野崎●実際にどっちが大きいかためしてみましょうか。（上の表）

　最初はおとなしくても、nが大きくなると2^nのほうが増え方が激しいのです。nが1万、2万になることを考えると、とんでもない数になるのですね。

生徒M▼そうか。

野崎●そこで数学者たちは、n、n^2、n^3、n^4……というのを「nの多項式時間で解ける問題」として全部ひとまとめにし、P（ポリノミアル＝多項式）と表すことにしました。そして、単純にハミルトン路問題がこのPの中に入るか入らないかだけを考えました。理論屋はこういう発想をよくするのです。しかしそれでもなかなか解けなかったのです。

●インチキありの数学▼

野崎●もうひとつおもしろい視点として、集合Pの外側にNPという集合を考えた人がいます。NPはふつうのコンピュータでは使えませんが、理論屋の間では有名なもので「インチキあり（待ったアリ）」ということなのです。たとえば、ハミルトン路だったら、適当に進んでいってダメだとわかったら戻ってやりなおしていい。しかも、間違えて動いたほうの時間は考えなくていいのです。ものすごいインチキですね。

生徒M▼正しく進んだ時間だけを数えるなんて、ずるい。

野崎●だからインチキなのです。そうするとハミルトン路に解があれば、nに比例する時間でできますね。解がないときは無視していいのです。

生徒R▼NPのNってなんですか?

野崎●non-deterministic. 直訳すると非決定論的ということになります。ふつうのコンピュータは決定論的に動くので、まずAに行って次にBに行ってと、進む道を全部プログラムしますが、NPの場合は「好きな方に行け」というだけでいい。運のいい場合はうまくいくし、失敗したらケロッと忘れて次の道に行けばいい。

生徒R▼でも、実際にはそんなにうまくいかないわけでしょう。間違えて進んだ時間をすべてノーカウントというのは、あんまり現実的なやりかただと思えません。

野崎●もちろん、現実的じゃありません。Pなら実際にかかる時間がわかるので現実的に意味がありますが、NPのほうは理論屋の遊びみたいな概念です。

さて、NPのなかにハミルトン路の問題が入ることは納得してもらえましたね。じつはそこで、またもうひとつ大きな問題が出てきます。

● コンピュータ・サイエンスの世界 ▼

野崎●Pに入る問題なら必ずNPにも入る（P⊂NP）ことはわかるのですが、ひょっとしてP＝NP は成り立たないだろうか、という説があるのです。

生徒R▼P＝NP というのは、インチキを使って解いた問題が、インチキなしでも解けるかもしれないということですか？

野崎●はい。

生徒M▼どうしてそんなことを言いだす人がいるのかよくわからないけど、そんなことはできるわけないと思う。

野崎●僕の予想としても、そんなのできるわけないのです。少々のインチキじゃないですからね。待ったが何回でもOKで、それまでかけた時間を無視していい、そんなズルがまかり通ったら世の中まっ暗です。やはり正直者が勝たないといけない。

しかし、P≠NPの証明は、まだだれにもされていないのです。

生徒M▼いろいろ証明しなきゃいけないことがあるんだなあ。

野崎●そうなんですね。もしも、P≠NPが証明できたら、長年の議論に決着がついて、ハミルトン路だけでなく、その種のさまざまな問題がスッキリするのですが、P=NPが成り立つかもしれない限り、悩みつづけるしかないのです。

生徒R▼NPであるハミルトン路をインチキなしで解けばいいのですか?

野崎●ええ。

生徒M▼たとえば、どういう場合が考えられるだろう?

野崎●形を見て進むべき道が浮かび上がるというものでもいいですし、オイラーの定理のように各項点に集まっているものを数えれば済む、という種類の定理でもいいですね。

生徒M▼もし、それがわかれば数学上のすごい発見ということになるのか。

野崎●そうなのです。もし成功したら新聞に載るでしょう。一時期、P＝NPかP≠NPかの証明ができそうなNP問題をさがすのが大流行しました。学者の中には、これはコンピュータ・サイエンスのなかで一番大事な問題だから、理論屋は全員これをやるべきだと言う人がいますが、僕は反対しています。成功するのは1人なのに、その1人のためにみんなが討ち死するのはおもしろくないじゃないですか。たしかに、理論屋としては非常にシャクにさわる話で、こんなインチキが通用しないことぐらいチョロチョロっと証明してみせたいのですが、なかなかできないのです。

今回は高等数学に話が傾いたのでちょっと難しかったかもしれませんね。

第七章　コンピュータに負けるな！　「歴史編」

●コンピュータと勝負をしよう▼

野崎●エイト・クィーンという遊びを知っていますか。8×8のチェス盤にクィーンの駒を置く遊びで、ガウス［＊1］も調べたらしいです。ルールは簡単で、クィーンを置いたマスのタテ・ヨコ・斜めのマスにまっすぐ線をひく。クィーンは将棋の飛車と角を合わせた性質を持つんですね。ひいた線に乗らないように、ほかの列のマスにもクィーンを置く。同じように線をひいていくと、次第に残っているマスが少なくなります。

生徒R▼全部に線がひけたら終わりですか？

野崎●はい。1列に1個しか置けないから最高で8個置けるのだけど、いい加減にやると

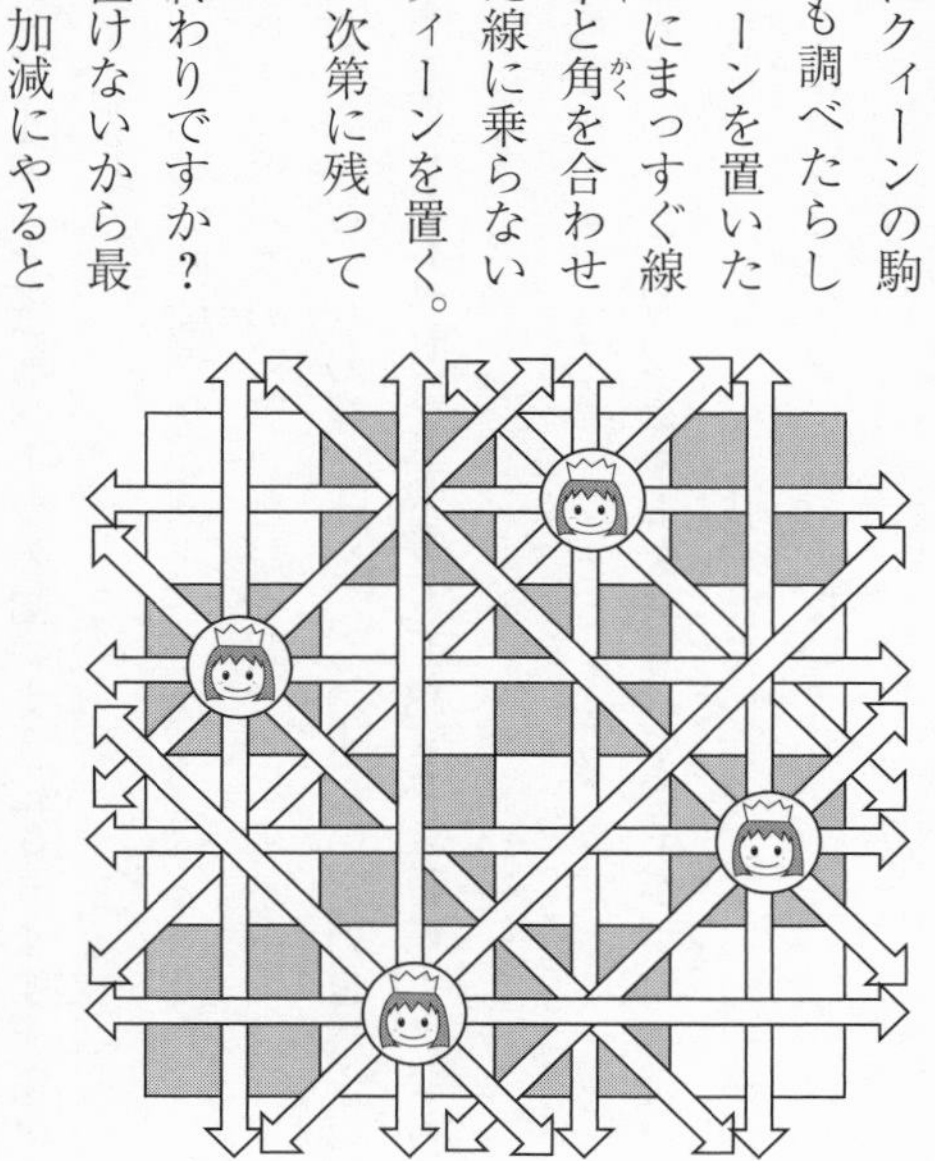

途中で置けなくなってしまいます。4×4では前ページの図のようになります。僕は20×20まで、何通りできるかを数えました。

生徒M▼20×20をつくるのに、どのぐらい時間がかかりましたか？

野崎●コンピュータを使ったから1つつくるのはアッという間です。エイト・クィーンや魔方陣を手でつくるのは大変です。6×6の魔方陣を、ものすごい労力を費やして自分でつくった人がいるけど、僕に言わせれば気の毒ですね。コンピュータなら瞬（またた）く間にできるのですから。

生徒R▼1000×1000の魔方陣でもですか？

野崎●簡単です。それから、詰め将棋などもコンピュータは得意で、手かずの少ない問題ならたやすくできてしまいます。

生徒M▼でも、本物の将棋の試合はコンピュータにはできないでしょ。

野崎●え、どうしてですか？

生徒R▼コンピュータは、考えるゲームには向かないような気がします。

野崎●2人ともそう思いますか。たしかに、むかしのコンピュータは弱かったので、5歳の子とチェスをして負けたこともありました。それを聞いたある人がおもしろがって、あちこちに書いたのですが、彼自身がコンピュータと対戦したら1勝2敗だったのです。

生徒R▼コンピュータが上達したのですか？

野崎●それもあるでしょうし、その人が弱かったのかもしれませんね。いずれにしても、コンピュータも人間と互角にチェスの対戦ができるということは確実です。

生徒M▼信じられない。そのうち羽生（はぶ）さん［＊2］もコンピュータに負けてしまうのかな。

野崎●将棋については議論が分かれています。将棋はチェスと複雑さがずいぶん違うから、僕はそう簡単にコンピュータのほうが強くなるとは思わないけれど、コンピュータの研究をしている人の中には20世紀中にコンピュータの将棋がプロの四段程度にはなると言う人もいます。二〇三〇年ぐらいまでに羽生さんはやられるだろうとかね。

生徒M▼マージャンはどうですか。コンピュータマージャンなんてあるらしいけど。

野崎●素人よりは強いです。プロにはかなわないでしょう。ただ、マージャンは、運が大きく関係するから、どっちが強いかを決めるのは難しいんですね。1回や2回なら素人が強い人に勝てたりします。もちろん、何回も続けると技術がモノをいうけれど。

生徒R▼技術って、たとえばどんなことですか？

野崎●マージャンが強い人は、期待値の計算が上手です。それから、ガラガラかき混ぜるとき完全にランダムにはならないので、うまい人は牌(パイ)の偏り具合を読みますね。

生徒M▼サイコロで順番決めるんだから、条件は同じじゃないかな。

野崎●順番は思い通りにならなくても、ほかの人が取っていくのを見ていて、どんな牌が残っているのかがわかるわけですよ。あの種類の一と九の牌は全部切れたとかね。

生徒M▼そうか。

野崎●ポーカーなんかも、配られたカードだけで決まるところがあるから、完全に運のゲームだと思うかもしれないけど、やっぱりうまい人と下手な人はいるんですね。相手の性格を読むんですよ。こいつは狙ってくるぞとか。

生徒R▼でも、ポーカー・フェイスというぐらいだから、顔に出さない人だとか、フェイントかけて、全然違うときにすごい手のような顔をする人とかいるんでしょう？

野崎●そういう場合は、賭け金で読むんですね。賭け金を常に見ていて、終わったときの手と較べる。まあ相手だって馬鹿じゃないから、同じ手でも賭け方を変えたりするだろうけれど。

　何の話でしたっけ。コンピュータにもマージャンができるか、という話でしたね。

生徒R▼コンピュータが次の手を考えながらマージャンをしたり、将棋を指したり、というのは、やっぱり不思議だと思います。

野崎●僕が不思議なのは、実際の対戦ではコンピュータより人間のほうが強いだろうと思う人たちのほうですね。コンピュータが人間に絶対勝てないなんてことは、理論的に考えてもおかしなことなんです。しかし、君たちだけじゃなくてそう思う人はたくさんいます。やっぱり人間が機械に負けるというのはシャクにさわるのでしょうか。

生徒M▼そうだなあ（笑）。

野崎●つい最近も、僕の知りあいがスピードチェス（時間制限のあるチェス）でコンピュータにやられましたよ。負けたらチェスはやめる、なんて自信ありそうなこと言ってましたけどね。

生徒R▼コンピュータがスピードに向いていることはよくわかります。でも相手の性格を読んで判断したり、裏をかく作戦をたてたりはできないと思うのです。

野崎●でも、無理だという断定もできないでしょう。

生徒M▼顔色やしぐさを見て、判断することができるんですか？

野崎●極端なことを言えば、顔色だってテレビカメラで撮って、それを分析できます。でも、トップ・プロになるとあんまり顔に出さないし、顔色で判断することも少ないでしょうね。羽生さんは、相手の顔色なんか見ないらしい。

生徒M▼コンピュータもどんどん賢くなっていってるんだ。

野崎●ええ、大げさに言えば進化しています。学習もしている。それから、なにしろ、スピードがどんどん速くなっている。

生徒R▼むかしのコンピュータは、もっと単純なものだったんですか?

野崎●コンピュータの歴史でものぞいてみますか。

［＊1］ガウス（Karl Friedrich Gauss 1777-1855）……ドイツの偉大な数学者。10歳から頭角をあらわし、数学界では、アルキメデス、ニュートンと並び称される天才。整数論の研究が有名。

［＊2］羽生善治……一九七〇年生まれの将棋棋士。八九年、史上最年少でタイトル（竜王位）を獲得。九六年には史上初の七冠独占。永世竜王、十九世名人、永世王位、名誉王座、永世棋王、永世王将、永世棋聖の資格保持者。

●石でできたソロバン▼

野崎●コンピュータのそもそもの始まりは、ソロバン（算盤（そろばん））なんです。

生徒M▼小学校のとき、よく、床の上をすべらして遊んだやつ？

野崎●その玉をはじくソロバンと、もうひとつ算木（さんぎ）というのがありました。古いのは算木のほうで、紀元前３０００年ごろからあったんです。左図のように木の板か布地に枠が書いてあってその枠のなかに棒を並べます。これで計算をするので、棒を算木、その下の板のことを算盤（さんばん）といいました。並べ方によって、割り算も掛け算も２次方程式も解けたそうです。

生徒R▼どういう使い方をするんですか？

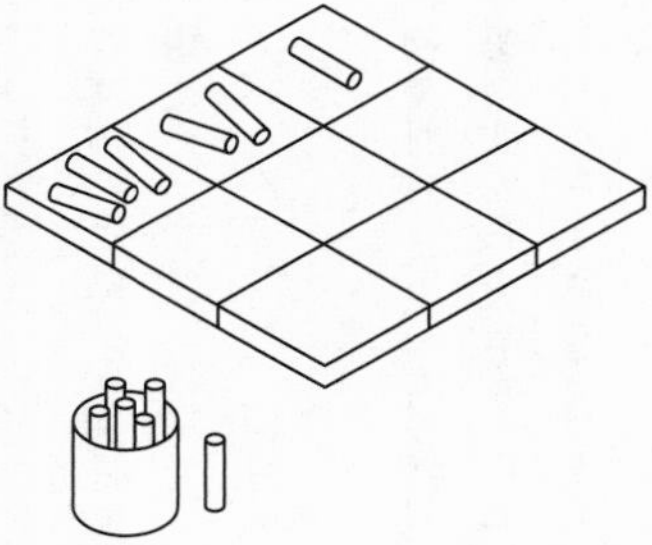

野崎●残念ながら、むかしの人がどうやっていたのか僕はよく知らないけれど、数を表すだけならソロバンとほぼ共通です。２次方程式の〈$3x^2-2x+1$〉なんてのは、左のマスに赤い棒を３本、真ん中に黒い棒を２本、右にまた赤い棒を１本置く、というように表したみたいですね。

生徒M▼マージャンの点棒みたいだね。

野崎●算木の棒は、日本に入ってきてから竹が使われるようになりました。今でも占い師さんのゼイチクに

算木（予想図）

なっています。

生徒R▼占いと数学が関係あったんですか？

野崎●ええ、当時は数学でメシを食える時代じゃなかったから、数学者は占いをして食べていたんですね。何月何日に月食が来るなんて当てたら、そりゃあたいしたものです。

生徒M▼月食って、もう20世紀中はないって聞いたけど。

野崎●ですから、運のいい時代に生きているかどうかなんです。皆既月食でないふつうの月食ならときどきはあるでしょう。当時の偉い数学者は、今で言えば魔法使いです。

話を戻します。玉をはじくソロバンが出てきたのは、算木よりもあとなんですね。僕の推測だと、算木は中国、玉はじきソロバンはエジプトじゃないかと思うんだけど。

生徒R▼それはどうしてですか？

野崎●中国の古い文献には、ふつうのソロバンはまったく見られず、算盤という文字が出てきます。ふつうのソロバンは明の時代に突然現れるんですね。日本には、江戸時代に両方とも輸入されたらしく、当時の数学の教科書にはソロバンも算木も載っています。

生徒M▼当時の人々も数学の勉強で苦しんでいたのか。

野崎●算木を使っていたのは学者の人たちで、庶民はソロバンのほうが主流だったようです。むかしのソロバンは簡単なつくりで、石に溝を掘って、それにビー玉みたいなものを置く。転がっていかないように串刺しにしたり、軸を弓なりにして安定させたりといろいろ工夫されていきました。

生徒R▼玉の数は現代のソロバンと同じなんですか？

野崎●全然違います。いちばん古いのは玉が10個でした。1、2、3と数えながら上にずらしていって、最後に10を数えたら隣の玉を1つ動かしたんです。

生徒M▼9個ではいけないんですか？

野崎●そうなんですけどね、そこに気がつくには時間がかかるんです。ソロバンが工夫されていく過程はなかなかおもしろいですよ。10個になったら次の桁に移るんだから。玉が10個もあると重たいので、天（上）2個と地（下）5個に分けることを思いついたのが中国人です。そのうち、だれかが、天の2つ目の玉は上げた途端に下げてしまうから必要ないということに気づきました。

生徒R▼地の5番目だっていらないでしょう。

野崎●同じ理屈ではあるけれど、中国の人は、そっちにはとうとう気づかなかったみたいですね。天の玉1つを5と数えて、地の玉5つと合わせるとぴったり1列が10になるから、ちょうどいいと思ったのかもしれません。

地が4つになったのは日本に入ってきてから、しかも明治になってからです。僕の祖父が、5つ玉ソロバンを使っていたんですよ。そういう人は4つ玉ソロバンは使えない。ちょっとしたことなんですけどね。

●加算器の時代▼

野崎●さて、ソロバンにしても算木にしても、コンピュータとしてどういう能力を持っているかというと、記憶能力なんです。そっとしておけば数がそのまま残る一種の記憶装置です。

生徒M▼ノートより消すのが簡単だというだけか。

野崎●でもそれができると、どんどん御破算にして新しい計算ができるんですね。それから、計算の補助にも使える。たとえば足し算は、繰り上がりの規則さえ知っていれば、素直に数を置いていけばいい。掛け算は九九を覚えればいい。じつは割り算にも九九があるんですけどね。

こうしてソロバンや算木を使った計算をしていた時代が何千年も続いていましたが、そのうち、計算の補助じゃなくて本当に計算をやってくれる加算器というものが現れました。パスカル［＊1］が発明したから、17世紀ですね。

生徒R▼あの、哲学者のパスカルですか？

野崎●ええ、あのパスカルが自分の手でつくったのです。加算器は記憶だけじゃなく足し算をやってくれます。繰り上がりの部分も、歯車のしかけでうまくできています。これはもう演算装置といってもいい。

生徒M▼パスカルってすごいやつだったんだ。

野崎●実際には、彼より早く、チュービンゲン（ドイツ）のシッカールという人も加減乗除ができるおもちゃを考えました。実物が残っていて、詳しい本には載っています。でも、パスカルのほうが有名だから、シッカールには悪いけど加算器はパスカルがつくったことになっちゃったのです。

このあとは、掛け算もできるかな、割り算はどうだろう、といろんな人がやりました。ライプニッツ［＊2］もやったんですよ。

生徒R▼ライプニッツのときも歯車を使ったものだったんですか？

野崎●ええ、そのあともしばらく歯車です。ただ、歯車がだんだん複雑になっていきました。最初は十数個の歯車だったのが、１００個、２００個と増えたので、そのうち出入り歯式という、関係ない歯をひっこめて、いざ使うときに出てくるようなしくみもできました。歯車があまり多いと重たくて動かないんですね。

そして20世紀になると、歯車が電気（モーター）で動くようになって、次に、歯車の代わりに電磁石で動かすスイッチが使われるようになって、やがて真空管を使う電子式［＊3］になる。それからやっと動く部分がなくなって、だいぶあとになって今でいうトランジスタ［＊4］になったのです。

生徒R▼トランジスタを使うようになったのはいつですか？

野崎●一九六〇年代、今壮年の人が生まれたばかりのころですね。

［＊1］パスカル（Blaise Pascal 1623-62）……フランスの数学者、物理学者、哲学者。19歳で計算器を考案した。整数論、確率論、幾何学に関する発見もある。著書はキリスト教の弁証法的考察の覚書『パンセ』、イエズス会批判の『プロバンシアル』。

［＊2］ライプニッツ（Gottfried Wilhelm Leipniz 1646-1716）……ドイツの哲学者、数学者。一六七一年、加減の繰り返しで乗除の計算をする四則計算器

を考案。著書『単子論』。

［＊3］真空管を利用した電子計算機……一九四五年、ペンシルベニア大学で発明されたＥＮＩＡＣ（electronic numerical integrator and calculator）というもの。

［＊4］トランジスタ……電気伝導を利用して、波動を増幅させる小型の半導体素子。一九四九年に発明された。五八年ごろから、エレクトロニクスの分野で使われ始める。ＩＣ（集積回路）、ＬＳＩ（大型集積回路）、超ＬＳＩへと発展してきた。

●コンピュータをつくろう▼

野崎●記憶装置、演算装置、データを入れる装置、それから答えを表示する窓があれば、計算はできますが、今話してきたように一つひとつはけっこう古くからありました。これらをまとめて動かす制御（せいぎょ）装置を考えたのが19世紀のバベッジ［＊1］です。全自動計算機の夢を描いた大胆な構想でした。

当時は、ナポレオンが、メートル法の制定をはじめ、社会を次々と合理的に整えていった時期です。ところで、メートルの長さはどうやって決まったか知っていますか？

生徒M▼だれかがメートル原器［＊2］をつくった。

野崎●むかしはメートル原器なんてありません。それ以前には、フート（一般的にはフィートというが、正しくは foot で feet は複数形）やヤードという単位がありましたが、ロンドンのフートとエジンバラのフートとは違う、パリではもっと違う、というありさまでした。

生徒R▼どうしてですか？

野崎●もともと統一するという意識がなかったんです。統一するのは大変な作業で、よほど必要がなければやりません。日本でも1尺の長さが関東と関西とで違っていました。秀吉が統一するけれど、そのあともまだ、大工さんの1尺とお裁縫の1尺とは違うんですね。

生徒M▼へえ。

野崎●余談ですが、今はもうメートル原器も使いません。あれは熱で微妙に伸び縮みするので特定の光の波長を使うようになり、その後、光が一定時間に真空を進む長さ［＊3］を使うようになったのです。

生徒M▼ナポレオンの時代に、1メートルが決められたんですか？

野崎●ええ。正確ではなかったのですが、試みとしては素晴らしいものです。赤道から北極までの子午線を1万等分したものを1つの単位にしようと決められ、それをさらに千分の1にした長さを1メートルにしたのです。赤道から北極までの測量といっても、じかに紐をひっぱるわけにいかないから、三角測量を繰り返します。

生徒R▼三角測量というのは？

野崎●三角形をいくつも重ねていき、三角比を使って計算する方法です。けっこうめんどくさい。計算係は数学者じゃないから、こういう足し算をして、こういう引き算をしなさい、という手順を教えてからやらせるのです。ところが間違いが多い。

生徒M▼そりゃそうだ。人間なんだから。

野崎●計算そのものは機械でもできたけれど、何と何を足して、次に何を掛けるという計算のプログラムは全部人間の頭の中にあります。その決まりきった計算の手順を機械に覚えさせることはできないかと考えたのが、バベッジなのです。幸か不幸か道具だけは揃っていました。演算装置はある、記憶装置もある、入力もできる。

生徒M▼自動制御装置だけがなかった。

野崎●自動制御装置もいちおうはあったんです。当時、ちょうどゴブラン織りのジャカール式自動織り機がフランスで発明されて、イギリスの織物業者を圧迫しはじめていたころでした。最初に赤い糸、次に黄色、という具合に織り方を何千枚もの穴あき式のカードに記録すると、勝手に織ってくれる機械です。大変だけどカードさえ1回つくれば、あとはもう流れ作業で同じパターンを繰り返す。計算もその方法でできないかという夢を描いて設計したんです。

生徒R▼それで、バベッジさんはうまくできたんですか？

野崎●けっきょく実物はできませんでした。最初の機械をつくる段階でお金が足りなくなり、工事を中断している間に、また新しいアイディアを思いついたんですね。そうして、再出発するときに、同じ設計図を使わずに、いろいろ盛りこんでさらに壮大な機械を設計しなおしちゃったから、次もまた失敗するのです。そこが数学者たる所以なんですけど。

生徒M▼そうすると、ちゃんとしたコンピュータができたのは、いつなんですか？

野崎●実物ができたのはだいぶあとです。また、記憶装置が充分に大きくなってからは、フォン・ノイマン［＊4］という人がさらに新しいアイディアを出して、現代のコンピュータの基本をつくりました。

彼の発明は、プログラム記憶方式というもので、掛けて引いて割って……と、プログラムを言葉で書く。それをコンピュータに覚えさせる。そのプログラムを読みだすと、計算じたいはものすごいスピードでやります。

生徒R▼どんな複雑な計算でもですか？

野崎●ええ。かえって〈1＋1〉なんて遅いです。電卓だったらパッと出るけど、彼の機械は、まず、1を持ってきて、それに1を足してください、答えはどこに印刷してください、といちいち書いてから、「せーの」でスタートボタンを押してやっと2が出てくるんだから。

欠点はあるけれど、パターンの決まった複雑な計算はできる。たとえば、大砲をどの角度で飛ばしたら何キロ飛ぶかという問題。なかなか難しい問題なんですけど、角度と火薬の強さ、xとyを決めれば答えがすぐ出るんですね。プログラムを1つつくれば弾丸より速く答えを出す。じっさい撃ってから的に当たるより速いんですね。

生徒M▼ようやく本物のコンピュータに近づいてきたんだね。現代のコンピュータまで到達するには、あとどのくらいかかるんだろう？

野崎●これでもう現代に来ているんですよ。今のコンピュータは、ほとんどがトランジスタとフォン・ノイマン式の自動制御装置がセットになっているんですから。

生徒R▼えっ、それから変わっていないのですか？

野崎●原理的にはフォン・ノイマン方式です。非ノイマン方式というのも研究されていますが、どれもうまくいっていません。

生徒M▼ノイマンってすごい人だったんだ。

野崎●ええ。悪魔だったという話もあります（笑）。詳しい話は次の章に譲ることにしましょう。


［＊1］バベッジ（Charles Babbage 1792-1871）……イギリスの数学者。計算や数値表の作成に機械を使うことを考え、計算機の原理を研究した。

［＊2］メートル原器……1メートルの長さを示す、かつての標準器。白金イリジウム合金製の物体。パリにある国際度量衡局に保管されている。

［＊3］1メートルの定義……光が真空中を二億九九七九万二四五八分の一秒に進む長さ。一九八三年に決められた。

［＊4］フォン・ノイマン（John von Neumann 1903-57）……アメリカの数学者。電子計算機理論、量子力学、ヒルベルト空間論、ゲーム理論などを研究した。

第八章　コンピュータに負けるな！「現代編」

●責任感の強いデジタル▼

野崎●コンピュータの世界を理解するためには、アナログ、デジタルの概念が大事ですが、なにか例を知っていますか？

生徒M▼CDとレコードの違い？

野崎●ええ、それも有名ですね。音は本来、空気中をなめらかな波で進みます。音の波をなめらかに伝えるのがアナログのレコード。ガタガタと階段状に区切って伝えるのがデジタルのCD。デジタルという語は英語の指（digit）の形容詞でしょ。指で数えるとか、折るとか伸ばすとか離散的で、細かい部分は切るのです。

生徒R▼デジタルのCDは、細かく聞くとガタッガタッと鳴っているんですね。

野崎●ええまあ。それを考えるとアナログのレコードのほうが良さそうだけど、そうとばかりは言えません。信号を送るとき、電気抵抗などの障害がありますから、アナログはどうしても音がゆがんでしまうのですね。

　そういえば、ある偉い評論家が「コンピュータなんてだめだ、ありゃあ2進法だろ」と言うので、じゃあ何進法だったらいいんですかと聞いたら「せめて7進法か9

進法はなくっちゃ」なんて答えてくれたことがありました（笑）。２進法だって３個組み合わせたら７まで数えられるし、もっと組み合わせて、いくらでも複雑な階段を表すことができるんですね。有限進法だったら１万進法でも何でも同じです。デジタルの階段もあまり荒っぽいと耳障りだけど、どんどん細かくしていったら、限りなく本物に近い音になる。

生徒Ｒ▼でもピアノの先生は、ＣＤの音は嫌いだって言います。

野崎●音楽好きの人の中には、いまだにアナログのレコードしか聴かない人がいますね。今のＣＤはひどくて、人間の耳に聞こえる範囲はここだと決めて、そこから先は全部音を消しています。識別できなくても感じるという領域があるし、耳のいい人はホントに聞こえるらしい。その点アナログレコードやカセットテープは、少しゆがむけれど、高周波の音も録音します。

生徒Ｍ▼ゆがむのと聞こえないのと、どっちがいいだろう？

野崎●今のところ、業界が協定して決めてしまった制約があるけれど、そのうち高音域を含んだハイファイＣＤが出てきますよ。

さて、ふつうのコンピュータはデジタルのしくみでつくられています。デジタルの有利な点はエラーチェックができることです。さっき言ったように、信号をそっくりそのまま送ることは不可能なので、なめらかな信号は送った先でどう変わったのか全然わからない。全体として小さくなるならいいけど、周波数によってゆがみ方が違うんですね。デジタルは信号が0と1の2段階だから、少しぐらいズレても「もとは何だったか」がわかります。これは0だろう、こっちは1だろうとかね。だから日本からアメリカまで送っても、途中に修正装置を置いておけば、正確に伝わるのです。

生徒R▼けっきょく、デジタル技術のほうがもとに近いかたちで再現できるんですね。

生徒M▼アナログのゆがみを修正するわけにはいかないんですか？　高い音はこのくらいズレるだろうとか。

野崎●難しいですね。技術的にじゃなくて、原理的に難しいと思います。なんかおかしいなと思っても、どこがどう狂ったのか調べようがないのだから。

デジタルのほうは最初に情報の質を落とすかわりに、その範囲内ではきちんと責任をもって伝えてくれます。電卓でも8桁なら8桁分は正確に表示します。高級な電卓だったら、計算の途中で8桁を超えても、器械の中には9桁以上の桁数をもっていて、それを使ってより正確な計算を続けてくれたりします。

生徒M▼へええ。

● 大ざっぱなアナログ ▼

生徒R▼今は、アナログのコンピュータというのはないんですか？

野崎●あることはあるけど、特殊な場合に使うものだけです。アナログの考え方がわかりやすいのは計算尺ですね。ふつうの物差しは2本合わせると足し算ができます。〈2＋3〉なら、物差しAの目盛り2ともう一方の物差しBの0を合わせて、Bの3を見れば、5が出てきます。計算尺の場合は、計算尺Cの目盛りの2に、計算尺Dの目盛りの1を合わせて、Dの3を見ると、〈2×3＝6〉が見えるのです。割り算もできますよ。

生徒M▼へえ。スグレモノ。

生徒R▼いったいどんな目盛りがついているのですか？

野崎●掛け算と割り算用には対数目盛です。〈log2＋log3＝log6〉〈log3＋log4＝log12〉になることは知っていますか。目盛りのつけかたが工夫されているんですね。ふつうの定規と違って、計算尺は目盛りの間隔がどんどん狭まっていきます。

生徒M▼そんな便利な定規、どこにあるの？

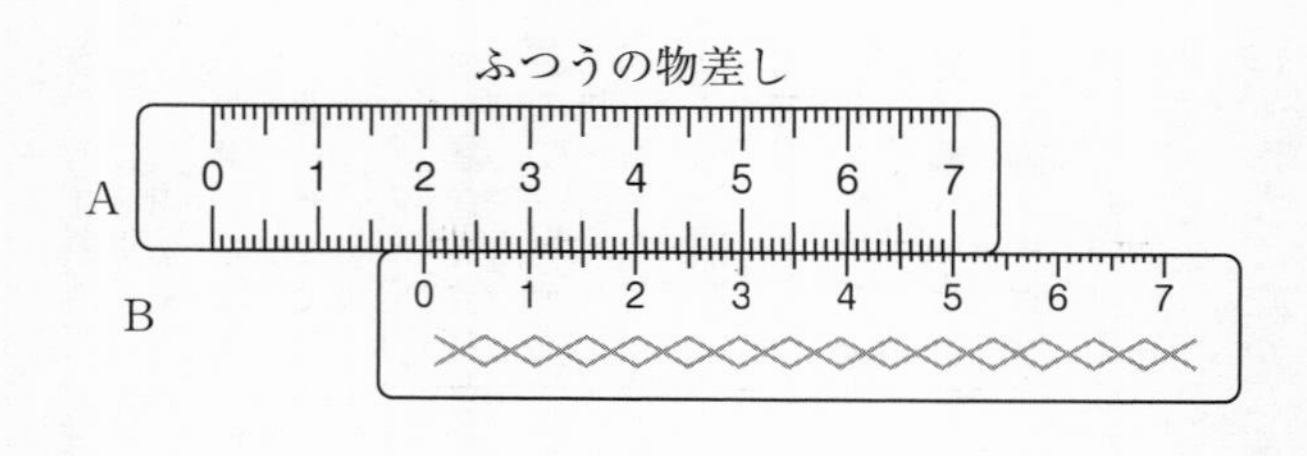

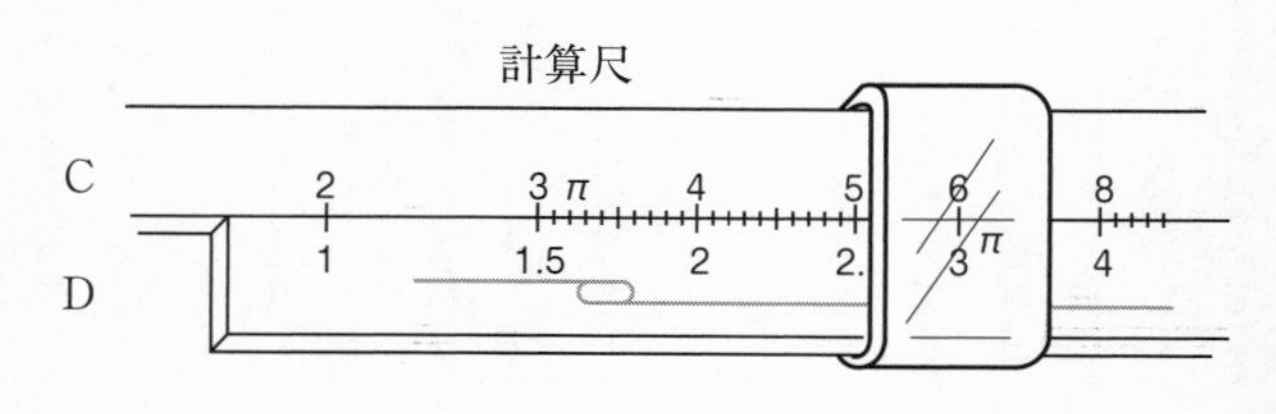

野崎●大きい文房具店にはあると思います。電卓が一般的になる前は、技術者は小さい計算尺をいつもポケットに入れていました。

アナログの考え方というのは、たとえば、〈x kg＋y kg＋z kg〉を計算したいとするでしょ。実際に重さを足すのは難しいからcmに直すのです。同じ長さの紙テープをつなげば簡単ですね。単位は違うけれどkgとcmは類推関係にあるから、ここでアナロジーという言葉が出てきます。〈analogue〉とは、類似、相似といった意味ですね。

生徒M▼そうか。

野崎●これを物差しでなく電気回路に置き換えたら、加減乗除だけでなくもっと複雑な計算もできます。重さや長さを電圧に直すんですね。方程式や関数もできますよ。電車が止まるときのブレーキにかかる圧力の変化を調べたければ、それと同じ関係が電圧のほうで起こるようにします。これがアナロジーです。

生徒R▼どんな回路なのか私には想像もつかないですね。どんな人がどうやって思いついたんでしょうか？

野崎●電気学をやる人にとってはわりと自然な発想でしょう。電気工学科の学生は、ここにコンデンサーがあって、向こうで電圧の変化があると、出てくる側ではどういう変化が起こるというのを習います。そういうときに微分積分を使うんですね。積分器や微分器をいくつも並べて、あとはスイッチで切り換えたらいい。わりあい簡単なのです。

生徒M▼僕にはブラックボックスとしか思えないけど。

野崎●コンピュータは設計する人でないと、だいたいブラックボックスですよ。

そのアナログコンピュータは、どんな機械かというと、〈π＋π〉を計算するときに、3.1415はここだというのを正確に読みとって、それを2つ合わせる。ところがやってみると、3cm1mmまでは読めても、415まではなかなか読めません。せいぜい目盛りがなくなったあとの一桁なんです。だから、便利だけど概算しかできない。

生徒R▼大きな物差しをつくったらどうですか？　５キロメートルぐらいの。

生徒M▼それなら、3km141m59cm2mmまでは計算できるね。

野崎●残念なことに、そんな長い物差しは正確につくれないのです。どうしても温度による伸び縮みがありますから。

生徒M▼そうか。だからアナログは大ざっぱなんだね。

野崎●名人ならピタッと合わせられそうだけど、実際には２～３桁が限度です。

●お利口ファジーは、口達者!?▼

生徒R▼ところで、コンピュータというのはどのレベルからそう呼ぶのですか？　電卓ぐらいでも、私はコンピュータのような気がするんですけど。

野崎●人によって違いますが、いちおう、全自動の制御装置をもっているのがコンピュータと言われています。漢字で「計算機」と書くのがコンピュータ、「計算器」と書くのがソロバンや電卓、英語でいうカリキュレータ。ただ、このごろはものすごく小さなポケコンが出てきて区別が難しくなりましたね。

生徒M▼今は洗濯機にもコンピュータが入っているんだよね。

野崎●どこの家にもマイクロコンピュータが4～5個は入っていると言われています。使っている人にそのつもりはなくても、エアコンにも入っているし、自動車には、ペダルの選び方によって、燃料タンクのバルブの調節をするコンピュータが入っています。怖いのは使う人が知らないコンピュータだから、故障したときに何が起こっているのかわからないんですね。欠陥車だと騒ぐことはできても、どこがどう欠陥なのか、さっぱりわからない。

生徒R▼仕様書を読んでも？

野崎●いくら小さくてもコンピュータであるかぎり、プログラムで動いているんですよ。こういう場合はこうする、ああいう場合はこうする、と設計の段階で事細かに教えてあります。だから、教え方が間違っていたらもうダメなんです。

生徒M▼前から知りたかったんだけど、洗濯機に入ってるファジーコンピュータというのは、どういうしくみなんですか？　アナログですか、それとも細かいデジタルですか？

野崎●あれは全然べつの概念なんです。今の技術だと全部デジタルなんだけど、本来なら、ファジーコンピュータをデジタルでつくることもアナログでつくることもできます。

生徒R▼どんどん進歩してきたんですね。

野崎●ホントはもともとあったんですよ。ロジックの問題じゃなくてコントロールの問題なんだけど。少しプログラムを書くのを楽にして、それにファジーロジックの言葉を持ちこんだ。いっけん高度に見えるけれど、要するに手抜きの技術です。まじめに一所懸命やるのがいいに決まってるけど、それでは大変だし、場合によっては時間ばかりかかって終わらないから、ファジーを使って手抜きをする。あれはやさしい問題をやさしく解く技術なんです。

生徒R▼そうだったんですか。ファジーという言葉はちょっと前ずいぶん流行しましたよね。

生徒M▼答えにくい質問をごまかすときによく使う先生がいたよ。

野崎●じっさいだましているんです。どこかのメーカーの洗濯機に「お利口ファジーのなんとかさん」というコマーシャルがありましたね。油汚れと泥汚れを見分けるというの。あれはたんに汚れが落ちやすいかどうかを調べているだけなのです。

生徒R▼油と泥を読みとっていたんじゃないですか？

野崎●全然やっていません。コマーシャルにしたときに「油汚れ、泥汚れ」と言っただけ。あれは営業マンのアイディアだそうですね。

生徒M▼ひどいなあ。

生徒R▼でも、そのほうがわかりやすいですね。

野崎●まじめな人は、水を少しとって成分を調べると思うかもしれないけど、そんなことをしていたら大変です。

生徒M▼メーカーに勤めている人でも技術者じゃなかったらだまされるかもしれない。

野崎●技術者でもほかの分野だったらわからないと思いますよ。

●過激な円周率バトル▼

生徒R▼第七章では、フォン・ノイマンさんが現在使っているコンピュータのしくみを発明したという話でしたが、今使っているコンピュータは、みんなノイマンさんのアイディアと考えていいんですか？

野崎●実用化されているのは、ほとんどフォン・ノイマンのプログラム記憶方式です。

生徒M▼すると、ノイマンさんの時代からあまり進歩していない？

野崎●そうですね。スピードと記憶容量はすごい勢いで進んでいます。コンピュータの進歩は円周率を見るとよくわかります。ちょっと遡(さかのぼ)りますが、幾何学的な方法で円周率を出していた時代は、小数点以下30桁ぐらいまで計算するのが人間一生の仕事だったんですね。そのあと、ニュートンが微積分学を発見して、円周率の計算に応用したら、とたんに100桁も200桁もできるようになりました。それから長い間、707桁というのが有名な世界記録でした。

ところが、電子計算機を使うようになったら、ひと息に2000桁にいく。それからはもう、コンピュータが大型化するたびにメチャクチャに進んで、今何桁までいったか忘れちゃいました。10億桁は超えたかどうか。

生徒R▼コンピュータのせいで、多くの人の仕事がむなしくなってしまったんですね。

野崎●ええ、もう円周率を手で計算しようとする人はいなくなりましたね。コンピュータ登場後は、フランスのギユーという人が出した100万桁というのがしばらく世界記録でしたが、あるとき日本のグループが200万桁を出しました。ギユーがやばいと思って200万3000桁を出したら、日本のグループは負けじと400万、700万と出して、もうフランスは完全にふりきられた。今度はアメリカが乗りだしてきて、今、日本とデッドヒートをくりひろげています。こうなると国力の勝負なんですね。いかに無意味なことに超大型のコンピュータを使えるかという。

生徒R▼ずいぶん時間もお金もかかりそうですね。

野崎●じつは、タダで使えるときにやらせてもらうんです。スーパーコンピュータの定期点検の期間とかに「それッ」と使います。スーパーコンピュータを何週間もブン回すとなると、まともに支払えるような金額じゃない。

生徒R▼円周率は、永遠に続くことは証明されているんですか？

野崎●永遠に続きますよ。ただ、実用的には、円周率の莫大な桁数なんてまったく必要としないのです。レーザー光線を使って月のある地点までの距離を何cm単位まで測ったりするときには７、８桁使いますが、それ以外は3桁もあれば十分です。７０７桁まで手で計算したという世界記録も、じつは、５２７桁から先は間違っていました。間違いがわかるまで１５０年もかかっていて、しかも、その間だれも困らなかった(笑)。

生徒R▼循環しないで永遠に続く数は、あまりないのですか？

野崎●いえいえ、循環するほうが珍しいです。円周率のような数はいくらでもありますよ。$\sqrt{2}$とか、$\sqrt{3}$とか。でも、何十万桁という記録があるのは、ほかにあまりないですね。

生徒M▼なんで円周率だけをみんなが計算するんだろう？

野崎●ギネスのレコードブックのしわざでしょう、こんなバカバカしいことをやらせるのは。

●　マルチメディアなんて怖くない⁉　▼

生徒M▼スピードや容量以外に、コンピュータの進歩はないのですか？　なにか画期的な。

野崎●ええ。細かい部分は多少変わっても、プログラム記憶装置という方法はそのままです。ノイマンは偉かったんですね。でも、スピードと容量の進歩はホントにものすごいですよ。同じ値段で買えるパソコンの容量が、去年から今年でも10倍になっています。10年前と較べると１０００倍ぐらい。

生徒R▼コンピュータ会社が競争するのは、これからもスピードと容量なんでしょうか？

野崎●あと、ソフトウェアですね。どうやって使いやすいコンピュータにするか。というのも、記憶容量がいくら大きくなっても、そのうちどのくらいをお客さんが使っているかというと、ごく一部なんです。それ以外はソフトウェアのメモリーが占めている。スピードアップした部分もソフトウェアが食う。だから最近は、サービスがどんどん進んで、ずぶの素人でも使えるようなソフトが出てきた。これは、今後も続くでしょうね。

生徒M▼最近、よく聞くマルチメディアというのは、コンピュータの進歩なんですか？

野崎●あれも、すごい画期的なことのように宣伝されているけれど、複数種類の情報をミックスしたというだけの話で、どちらかといえば、調子ばかりよくて中身はまだたいしたことない。

　マルチメディアの利点は、通信容量が増えてスピードが速くなることなんですね。すると、電話線を使っていろんな情報が送れる。音声しか送れなかったものが画像情報も送れる。大きな図書館と自宅のテレビをつないで情報を取りだせるというシステムもあるから、図書館に行かなくても情報を呼びだせる。だから、画期的な進歩だと騒ぐのもわかるんだけど、コンピュータメーカーの人たちは、マルチメディアの装置がどんどん進歩しても、おおもとの図書館のほうが全然進歩しないと嘆いていますね。

生徒R▼せっかく持っていても使い途が少ない、ということですか。

生徒M▼自転車に乗って、図書館へ行くぐらいたいしたことじゃないと思うけどね。

野崎●ええ、今の日本の図書館なら、実際に行って自分の目で見るメリットのほうが大きいんですよ。移動しないで呼びだせるといったって、今はまだ、呼びだせる情報はいくらもないいんですから。そこで、何がはやるかというと、アダルトビデオしかないだろう、という説もあります。店に行ってはずかしい思いをして買わなくても呼びだせるんだから、喜ぶ人もいたでしょうね。

生徒R▼それだけなんですか？　アメリカではずいぶん進んでいるような話を聞いたのに。

野崎●いいえ、日本にもアメリカに遅れまじと、高速ネットワークシステムを進めている業界がありますよ。何だと思いますか？

生徒M▼ヒットチャートとか？

野崎●証券業界です。彼らはリアルタイムの情報がホントに必要なんです。買った、あ、損した、とすごいスピードでとんでもないお金が動きます。

生徒R▼高速ネットワークは、今あるＮＴＴの回線を使うわけにはいかないいんですよね。

野崎●ええ、新しく線を張りなおさないといけないので、主要回線だけでもずいぶんお金がかかる。最終的には各家庭に行きわたらせることを考えると、莫大な設備投資が必要です。こういうお金のかかる事業があったほうがいいとは言えるんだけど。

生徒M▼え？

野崎●なにかでお金を使わないと資本主義社会はうまく動かない。戦争がないとどうもお金の流れが遅くなるんです。このプロジェクトは、経済的にすごく大きな効果がある。ゴア副大統領もべつにポルノ産業に肩入れしたいわけじゃなくて、景気のためなんです。

生徒R▼なるほど、そうだったんですか。

野崎●ただ、庶民にとっては、これでいったい何を利用できるかという問題があります。銀行や証券会社は、情報ならいくらでも欲しがるでしょうけれど、一般家庭が見たがるものはなんだろうか。そこで図書館はどうか、ということになる。しかし、日本の図書館はアメリカに較べて桁外れに遅れています。アメリカは、大学の図書館同士で、どこの図書館に何があるというのが全部わかるというだけでなくて、論文のアブストラクト（要約）もすべてコンピュータの中に入っています。日本は基本的なところが遅れているんですね。

生徒M▼論文はともかく、今すでにある蔵書をコンピュータにのせるというのは、信じがたい作業だろうね。

野崎●お金も時間もかかるんですね。読みとり機を使うにしても、ロボットが全部読みとって作業をしてくれるんでなければ、大変なことです。

生徒R▼フロッピーが残っていればいいけれど。そういえば、本や雑誌もこれからはどんどんCD-ROMになるって聞きましたが、ホントなんですか?

野崎●実際にはなかなかならないでしょう。なるとしても、かなり先ですね。CD-ROMは一時パッと伸びても、そのうちまた本のほうがいいやということになると思いますよ。辞書ならともかく、ディスプレイで本を読むなんて現実的じゃないんです。それから、CD-ROMが普及しはじめると、目を悪くする人が増えますね。僕はディスプレイなしの古いワープロを持っているけれど、それは何時間打っても目が楽ですよ。

　マルチメディアが普及した場合のもう一つの問題は、いいハードがあっても、いいソフトがない、ソフトをつくる人が少ないということなんです。

生徒R▼システムエンジニアになるには、どういう能力が必要なんですか?

野崎●いろんなレベルの人が必要ですが、あんまり奇抜な発想はいらないですね。こういうことをやってほしい、と仕事が決まっていて、それを忠実に正確に理解してその通りに動くプログラムを書くのだから、独創性はむしろ邪魔になる。

生徒M▼数学はできたほうがいいんだよね。

野崎●数学の知識はいらないけれど、理解力は必要でしょう。あと、適性があるらしいです。思いこみの強い人、コンピュータが動かなかったらコンピュータが壊れてるとか言う人はだいたい合わないですね。ただ、エンジニアレベルのプログラマーだけじゃなくて、ユーザーが使いやすいようなソフトウェアを設計できる人となると、独創性も必要だし、奇抜なアイディアもいるかもしれない。あとは状況判断。今、ユーザーがどこでつまずいているのかがちゃんとわかる能力が必要です。

●理想は素晴らしい、ニューロコンピュータ▼

野崎●コンピュータはノイマン方式がいちばんいいということはわかっていますが、非ノイマン式というのもずいぶん前から研究されています。ニューロコンピュータというのを聞いたことがありますか？

生徒M▼ニューロは神経だね。

野崎●ええ。脳細胞と呼んでもいい。ひらたく言えば人工頭脳で、いちおう、ノイマン式に対立する概念です。この研究をしている人の中には「プログラムがないと使えないノイマン式はもうダメだ」と言う人もいます。人間の脳は学習能力を持っているから、放っておいたってどんどん覚えていくでしょ。

生徒R▼その学習をさせるためのプログラムが必要だったりしませんか？

野崎●そう考えるのはプログラム方式の感覚で、脳といっしょだから、ハードウェアじたいが学習能力を持っているのです。ところが、残念ながらどうして人間の脳がこんなにうまく学習できるのかということがわからないんですね。たとえば、赤ちゃんがお母さんの声を耳から聞くとき、その通りに発音できるのはどうしてですか？　赤ん坊は耳から音を聞くだけですよ。

生徒M▼何回も自分で発音してみて、それを聞きながら、お母さんの声に近づくようになるんじゃないかな。

野崎●その程度でできるようになると思いますか？　思いだしたんだけど、懸壅垂（けんようすい）を振るわせて「ルル～ルルル」という感じに出すRの音がフランス語とドイツ語の一部にあるんですよ。僕が何度も練習してマスターしたそのRを、子どもの前でやってみせたら、4～5歳の長男があっという間にできるようになっちゃいました。懸壅垂をどうするとか何も教えていないのに、不思議だと思いませんか？

生徒R▼子どもにとっては、懸壅垂を使うRとふつうのRの差も、ふつうのRとMの差と同じように感じとれるんじゃないですか？

野崎●でも、それは耳で聞いたときの話でしょ。それと、どうして自分で音をつくるということとつながるのか、それがどういう能力か、ということが大問題なんですね。

生徒R▼わかりません。

野崎●わからないということを、わからないと認識するのは大切です。実際にできているのは事実だけど、理由がわからないからメカニズムを真似できないんです。30年以上前から何人もの学者がニューロコンピュータの研究をしているのに、人間の脳がこんなにうまくはたらいている理由については、いまだに多くのことがわからない。

生徒M▼人間を殺すわけにいかないから、実験ができなくて進まないのですか？

野崎●いえいえ、戦争中なんかずいぶんいろんな実験をやっていましたよ。それでもよくわからない。どういう実験をやったらいいかさえわからない。叩き割ったとしても、じっさい、猿を使って実験をしているけれど、頭を開いても記憶内容は出てこないのです。物質としてあるとは限らないのですから。

生徒R▼まだ何もわかっていないのですか？

野崎●現在は、頭が電気ではたらくことだけはわかっていて、どういう電気信号で動くのかがだんだん調べられるようになりました。これが進めば、割らなくてもかなり細かい部分の動きまで観測できるようになります。それでも、いつ、どのように記憶されるのかは、さだかではない。テープレコーダ式の記憶方法ではないとか、否定的なことはいくつかわかっているけれど。

まあ、概念としてはおもしろくて野心的な試みですが、使い勝手でいうと大人と子ども以上に違う。ある雑誌のニューロコンピュータの特集に、トラベリングセールスマンという有名な問題をニューロコンピュータで速く解けたと書いてあったけど、じつはほんの10都市程度の話でした。トラベリングセールスマンとは、都市がいくつかあり、A市からB市に行くのは何万円、C市からB市に行くのは何万円とコストがかかっていて、全都市をコスト最小で回るのは？という問題です。ふつうのコンピュータでは、つまらないプログラムでも1000都市とか2000都市ができるんですよ。

生徒M▼ハミルトン路みたいだね。［第六章参照］

野崎●ハミルトン路にコストがつくんですね。この種の問題は、都市の数が2倍になると計算時間が4倍、8倍と増えます。10都市と1000都市の差は、何万倍になるかわからない。

生徒M▼太刀打ちできないんだ。

生徒R▼ニューロコンピュータは神さまの領域に入ろうとしてるようなものですね。

野崎●神さまがどうやって人間の頭を設計したかを知りたいというのは、研究テーマとしては素晴らしいですね。神さまがいないと言うなら、自然の進化でもいいですよ。なぜ、こんなにうまくはたらくのか、からくりが読めればおもしろいし、どんどん参考になるんだけど、見かけ以上に難しいのです。

生徒M▼神さまはやっぱり偉大なんだね。

野崎●そういうことですね。今回は話がだいぶ広がりましたが、前章と合わせて、コンピュータの世界を少しのぞいてもらえたと思います。

第九章　あみだくじの秘密

●あみだくじを操作する▼

次のジャンプつきあみだくじの結果を変えずに、ジャンプなしのあみだくじに変えなさい。

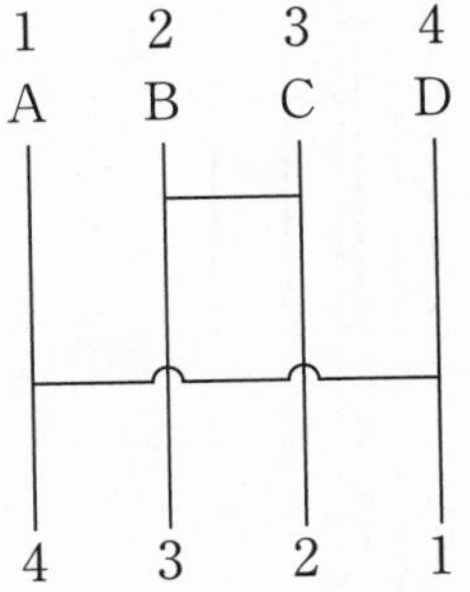

1　2　3　4
A　B　C　D

4　3　2　1

野崎●あみだくじはむかしから使われていましたが、今でも、だれもが知っているみたいですね。学校で使ったりするんでしょうか。

生徒R▼学期はじめに、クラスの班を決めるときに使いました。

生徒M▼僕は、この前の世界史の選択問題、あみだでやったらだいたいマルだったよ。

野崎●なるほど、そうやってみんなが気軽に使っているんですね。しかし、あみだくじをあなどるのは禁物です。あみだくじの中には関数の概念や順列・組み合わせの概念、さらには大学数学に出てくる置換群(ちかんぐん)の概念などを学ぶのに大切な要素がたくさん入っています。

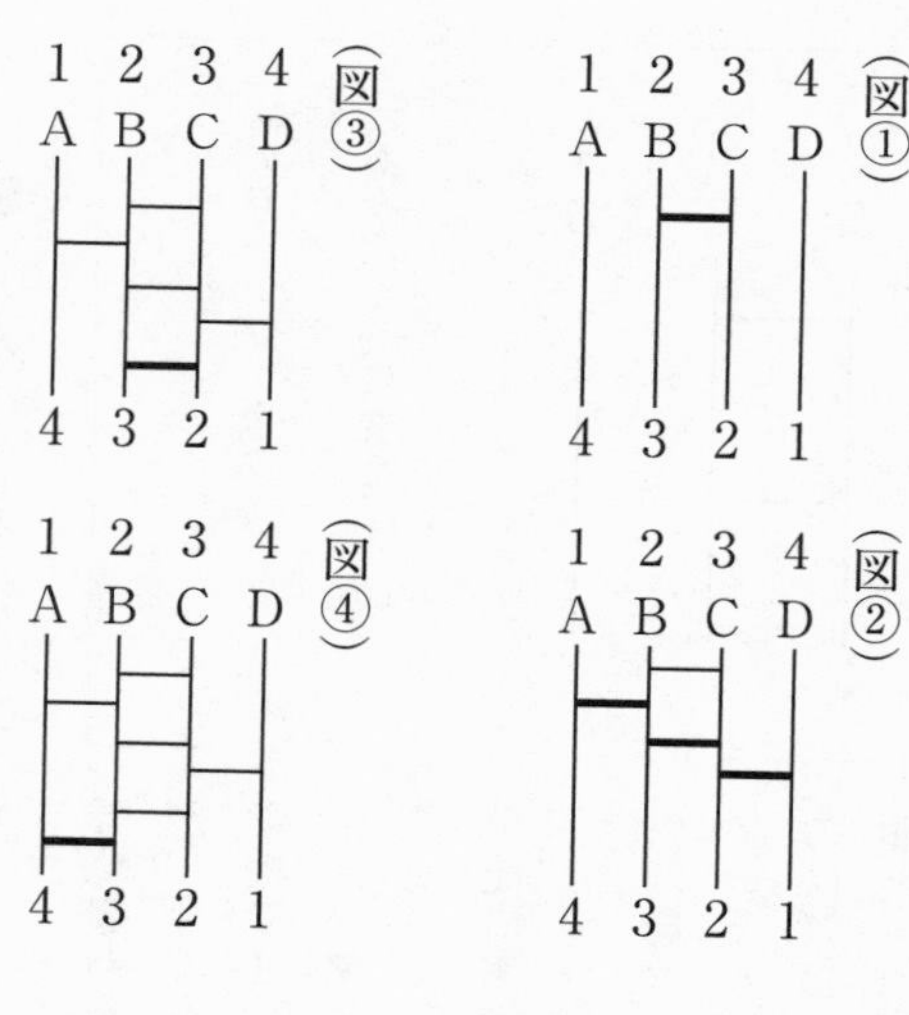

まずジャンプのついた横線を消して、そこから始めてください。（図①）

生徒M▼上の1を下の1に持っていくには、まずAからB、BからC、CからDと階段状に1本ずつ横線をひいていけばいいんだけど（図②）、それだけじゃほかのが狂っちゃうよなあ。

生徒R▼上の2が下の3に行ってしまっているから、BからCに横線をもう1本加えたらどうかしら？（図③）

生徒M▼あとは4と3があべこべに行っているのを直せばいいだけか。BからAに線をひいてと、やったあ！全部できた。（図④）

野崎●正解です。AからDへのジャンプは、A↓B↓C↓Dと下り階段状にひき、さらにC→B→Aとまた下り階段状に線を加えることに翻訳できました。

●　関数関係って何だ？　▼

野崎●ここで、中学で習った関数を思いだしてください。上に男子が4人、下に女子が6人。男子にそれぞれの好きな女子の名前を聞いて線をひくと、対応関係ができますね。

生徒R▼グラフ理論のとき［第五章参照］の男女は同数だったけれど、人数が違ってもいいのですか？

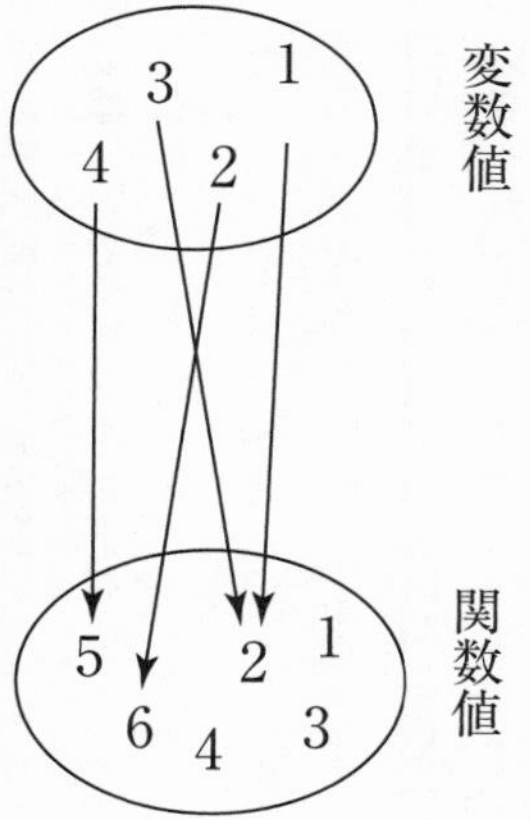

変数値　1 2 3 4

関数値　1 2 3 4 5 6

野崎●ここで男子のほうが少ないのには理由があります。「男子が決まれば女子が決まる」という関係を考えているので、人数が同じかどうかは関係ないのです。男子、つまりもとのほうを変数値と呼んで、女子、行く先を関数値と言います。変数値を決めれば関数値が決まる関係が関数なのです。

生徒R▼2人の男子が②さんに行くのはいいのですか?

野崎●いいですよ。1対1対応という決まりがなければ、行く先が重なっても関数になります。

ただ、1人の男子が2人の女子に線をひいたりしたら、これは関数とはいいません。変数値を決めても関数値が定まらないわけですから。

生徒M▼じゃあ気の多い人は関数に入れないね。

野崎●それから、好みの女の子が1人もいない、という人もダメです。世の中には関数にならない関係もいっぱいあるのですね。

基本的な関数関係、一方が決まれば他方も決まるという数の例は、たとえばひっぱる力を決めればゴム紐の長さが決まるとか、区間の距離を知れば鉄道運賃がわかる、などがあります。人間と所属もそうですね。池田君はサッカー部、細川君は卓球部というふうに。

さて、一般にあみだくじも、人間と所属のように違ったもの同士を対応させる例が多いのです。これを f: X→Y と書きます。

いっぽう、同じ世界の中での関数関係もあります。自分の前にいる人はだれ、というのは同じグループの中に行く先があるわけですから、f: X→X と表します。

生徒R▼ということは関数値が5つあれば、変数値も5つあるということになりますね。

野崎●そうですね。ただ、無限の数字である場合も考えられます。どんな対応関係でも、双方を番号に変えてしまうことはできます。すると何でも f：X→X になります。

●あみだくじのルール▼

野崎● f：X→X の関数関係に、今度はいくつか決まりをつくります。まず、対応もれナシというもの。これは関数値すべてに必ず矢印がひかれます。最初の例は、女の子が余ってしまうので対応もれナシとは言えません。

それから1対1対応。これはひとつの関数値に、複数の変数値から矢印がひかれることはないということです。これも、最初の例では②さんが2人の矢印を射止めているから、ダメですね。この2つの決まりの意味はのみこめましたか？

生徒2人▼はい。

野崎●では、問題を出します。Xは整数1～4の有限集合で対応もれナシとすると、関数値の組み合わせはいくつですか？

生徒M▼関数値も変数値も1から4なのだから、4×3×2×1だと思います。

野崎●そうです。1対1対応の場合は?

生徒R▼同じく4×3×2×1なのじゃないですか?

野崎●そう、わかってしまいましたね。どっちで数えても同じなのです。f: X→Xで、Xが有限集合のとき、1対1対応ということは対応もれナシと同じなわけです。

　あみだくじというのは、まさにこの対応になっています。対応もれナシで1対1対応。数表を見ても実際にやっても、対応もれナシで1対1対応ですね。これはどんなあみだくじでも、常に成り立ちますか?

生徒M▼そうじゃないのかな。

野崎●では、それを証明してください。まず対応もれナシのほうから。

生徒R▼対応もれナシということは、下の数字のすべてに、上から道が来ればいいんだから、下から逆に戻って試してみるとわかるんじゃないですか?

野崎●そう、あみだは経験的にどこから出発してもどっかしらには行きますね。下がって分かれ道に来たら横に行き、横に進んで分かれ道に出たら下に行く、というのを続けると、必ずどこかにたどり着きます。これは下から上に行っても同じです。

　次に1対1対応の証明ですが、1対1対応が成り立たないとすれば、別の場所から

出発してきた線がどこかで合流しないといけません。線の途中で合流することはあり得ないので、交差路を見ます。

生徒M▼交差していても合流はできないんじゃないの。一方は下に行くんだし、一方は横に行くんだから。

野崎●その通りなのです。あみだの規則で、上から来たものは横に、横から来たものは下に行くので、合流なんかありえないですね。すると、1対1対応であるということも明らかです。ここまでいいですか。

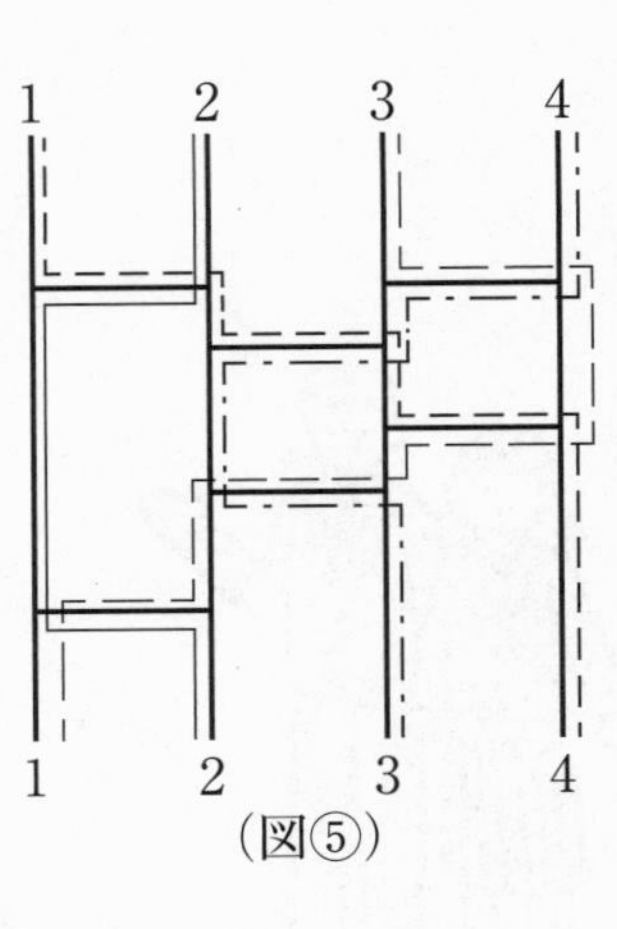

（図⑤）

生徒2人▼はい。

野崎●お、偉い。これがわかってもらうと非常に助かるのです。中にはこういう証明をするとズルイという人がいます。でも、これ以外にどんな証明方法があるのかはわからないんですよ。だいぶ考えましたが、どうもこれよりわかりやすい方法は思いつかなかったのです。

生徒R▼気がついたんですけど、縦線は必ず1回ずつ、横は必ず2回ずつ通っていますね。

野崎●ええ。たしかに（図⑤）を見るとそうなっています。でも、それを証明しろと言われたらどうしますか？

生徒M▼縦線はできる気がする。全部の線があと戻りナシで下まで行かなくちゃいけないんだから、４本の線を１回ずつ通るのはあたりまえだ。

野崎●そう。横線がまったくない状態を考えると、４本ともそのまま下に行くから一目瞭然です。次に一本横線を増やしても、そこから入れかわるだけです。

それにしても、縦線は必ず１回、横線は必ず２回通ることに気がついたのは、偉かったですね。

では今から、それが成り立たない証明をします。

生徒２人▼えっ？

●　変わり種あみだ　▼

野崎●最初の問題にあるように、あみだくじには、ジャンプをつけることが可能です。ふつうは交差していれば、下に行くなり横に行くなり、方向を転換しないといけませんが、ジャンプがついていたら交差しないものと見なすという約束です。かりに（図⑥）のようなジャンプつきあみだくじを考えます。

生徒M▼ずいぶん大胆なジャンプだね。

野崎●もし、A地点から出発したとすると、どこに行きますか？

生徒R▼あれ、またAに戻っていってしまいます。

生徒M▼ホントだ！　これじゃあ、あみだの機能を果たさないぞ。

野崎●無限ループに落っこちましたね。

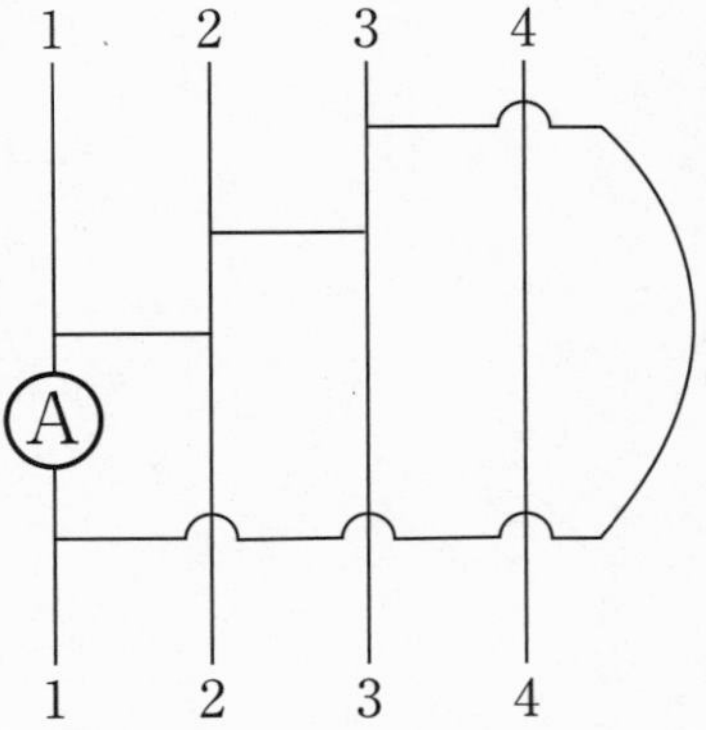

（図⑥）

生徒R▼でも、よく考えてみるとA地点に行くことなんてあるのかしら。

生徒M▼ええっと、1は2で、2は3で……スタート地点から始めたらきちんとゴールに着くよ、このあみだだって。

野崎●ええ、結論をいうと、このループに落ちることはありません。でも、ということはこのあみだの縦線のなかに、通らない部分があったということです。

あみだくじのいくつかの性質のうち、ジャンプをつけると変わるものがあります。

	ふつうのあみだ	ジャンプつき
①合流がない（1対1対応）	○	○
②逆をたどれる（対応もれナシ）	○	○
③縦線はすべての部分を1回ずつ通る	○	×
④横線はすべて2回ずつ通る	○	×

（図⑥）のあみだくじでは、③と④の性質は保たれません。通らない縦線もあるし、片側しか通らない横線も何本もあるんですね。でもまあ、ふつうはこんなのはあみだくじとは言いませんから安心してください。

●　あみだくじ自由自在　▼

野崎●最初の問題のあみだくじのジャンプはうまく消すことができましたが、本当にどんな結果のあみだくじも作れるのでしょうか。実際に試してみることにします。こんなのはどうですか？（次の数表）

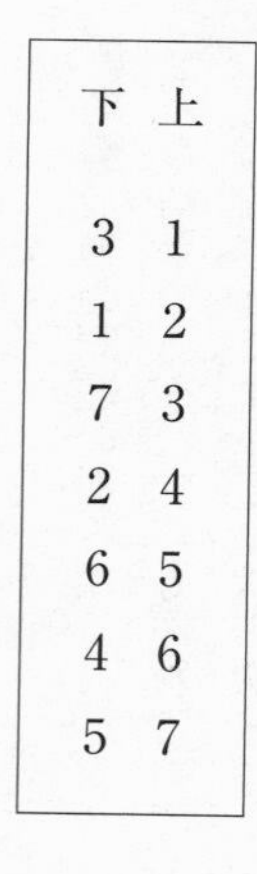

下	上
3	1
1	2
7	3
2	4
6	5
4	6
5	7

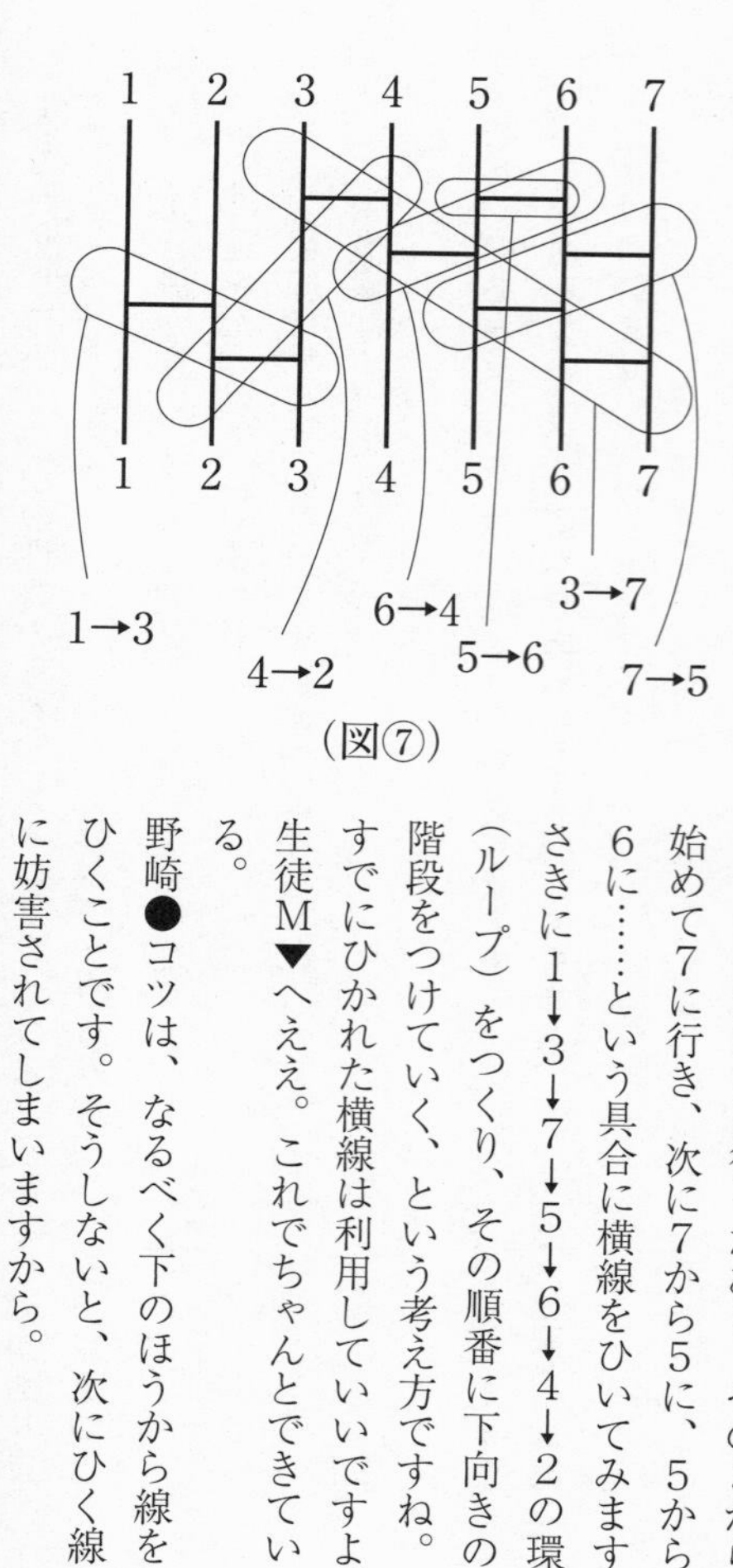

（図⑦）

生徒R▼さっきのように適当に1つずつ合わせていけばいいのですか？

生徒M▼運が良ければできそうだね。

野崎●それでもできますが、ちょっと工夫して、1から3に行ったあと、その3から始めて7に行き、次に7から5に、5から6に……という具合に横線をひいてみます。さきに1→3→7→5→6→4→2の環（ループ）をつくり、その順番に下向きの階段をつけていく、という考え方ですね。すでにひかれた横線は利用していいですよ。

生徒M▼へええ。これでちゃんとできている。

野崎●コツは、なるべく下のほうから線をひくことです。そうしないと、次にひく線に妨害されてしまいますから。

生徒R▼さきに書かれた横線を利用しながら、個々の矢印通りの結果になるようにしていくんですね。

野崎●それから、前の結果を狂わせないように気をつけながらひくということも大事です。

もう一つやってみましょうか。

上	1	2	3	4	5	6	7
下	7	5	2	6	3	1	4

生徒M▼さきにループをつくろう。1↓7↓4↓6↓1、あっ戻っちゃった。

生徒R▼残った数で2↓5↓3のループもできました。

野崎●2つのループができてもやりかたは同じです。1↓7、7↓4、4↓6の順に下のほうから結び、2↓5、5↓3も同様に結びます。簡単なので自分でつくってみてください。（答えは次のページ）

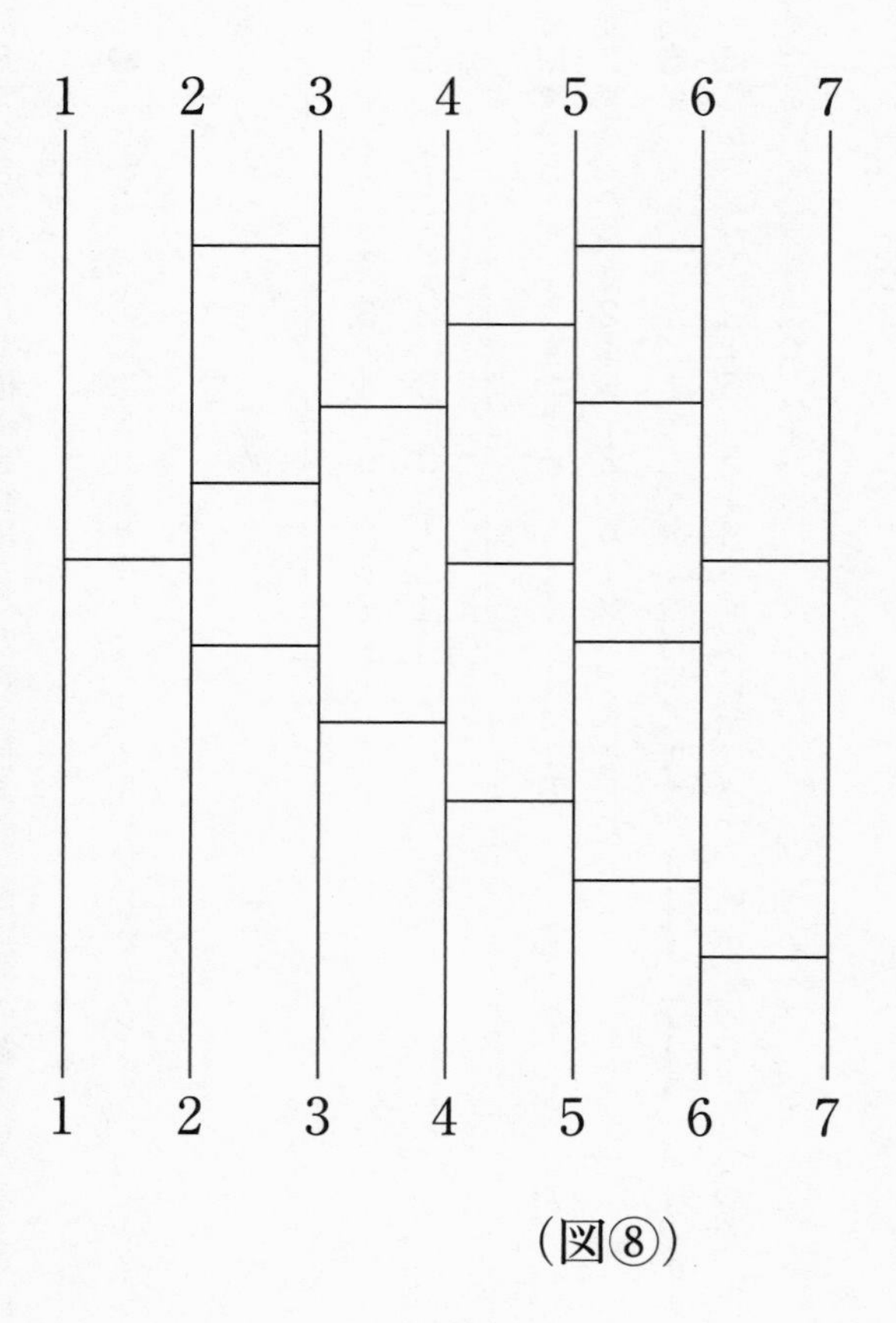

（図⑧）

第十章　ギャンブラーは分数がお好き？

●　好きなくじ、当たるくじ　▼

野崎●待望の夏休みになりました。今日は数学の勉強をするために、少しだけ縁日をのぞきに行きましょう。

生徒M▼縁日で数学ですか？

生徒R▼わかりました。あれですね。

野崎●ええ。あそこで3種類のくじ引きをやっています。

---

①トランプ・カードを一枚引く。♡ならアタリ
②サイコロを振る。出た目が1か6ならアタリ
③コインを2枚投げる。表と裏が1枚ずつ出たらアタリ
どのくじも1回50円で、10回当てるとTシャツがもらえます。Tシャツをなるべく早く手に入れるには、どのくじを選べばいいですか。

生徒M▼10回も当てなくちゃいけないんだから、まぐれに頼るわけにはいかないな。

生徒R▼3つの中で、いちばん当たりやすいくじを10回引けばいいですよね。

野崎●その当たりやすさは、どうやって考えますか？

生徒M▼確率を求めればいいでしょう。当たる確率の高いくじがいいに決まってる。

野崎●では、①の確率は？

生徒M▼トランプのマークは4種類あるからハートが出るのは4回に1回です。

野崎●ええ、$\frac{1}{4}$です。じゃあ、サイコロはどうですか？

生徒R▼サイコロは6のうち2つだから$\frac{1}{3}$です。

野崎●コインは？

生徒M▼コインも$\frac{1}{3}$です。

生徒R▼えっ、$\frac{1}{2}$じゃないの？

生徒M▼だって、3通りのうちのひとつだよ。〝表・表〟と〝表・裏〟と〝裏・裏〟。

生徒R▼〝裏・表〟というのも入れて、4通りと数えたほうがいいと思うけど。

生徒M▼そうか。すると、〝表・裏〟と〝裏・表〟がアタリだから、4つに2つで$\frac{1}{2}$になり……。だけど〝表・裏〟と〝裏・表〟は、本当に分けて考えないといけないのかな。

野崎●もし、2つまったく同じコインを使ったら区別できませんね。

1/3
1/4
1/2

生徒R▼まったく同じコインでも、先に投げるのとあとに投げるのとで区別できます。

野崎●同時に投げたらどうですか？

生徒R▼完全に同時なんてありえないと思います。

生徒M▼うん。かりに同時になっても、2つは別々のコインであることには変わりないな。

野崎●ええ、結論からいうと$\frac{1}{2}$で合っています。


この問題はある絵本にも入れたのですが、編集部の中で「絶対$\frac{1}{3}$だ」という人と「$\frac{1}{2}$だ」という人と意見が割れました。それじゃあ実験しようということで実際に投げてみましたが、50回のうち25回〝表・裏〟になったくらいでは、$\frac{1}{3}$派は納得しないんですよ。たまたまそうなっただけだって。そのうち実験にも飽きてしまいました。

そこで僕は、1つは昭和63年でもう1つは平成5年の製造だから2つのコインは違うと言ったのだけど、「じゃあ平成6年のを2つでやろうよ」と言いだすのです。いやんなっちゃいましたね。ホントに平成6年を2つ使ったら、割合が$\frac{1}{2}$から$\frac{1}{3}$にパッと変わると思うのでしょうか（笑）。

生徒R▼表と裏とで区別するんじゃなくて、2つ同じ面が出るか、違う面が出るかという考え方をすれば、2つに1つですよね。

野崎●ただ、今度はそれが公平かどうかの問題が出てきます。違うというのは1種類だけど、同じ面が出る場合は〝表・表〟と〝裏・裏〟の2種類あるから1対2じゃないか、と言われたらどうしますか？

生徒M▼いや、違う面が出るのも〝表・裏〟と〝裏・表〟の2種類あるから。

野崎●けっきょく、その議論に帰着します。大事なことは、どの場合がどの程度起こりやすいか、ということです。たとえば5以下が出る確率と6以上が出る確率。1から10までの10枚のカードならどちらも同程度ですが、サイコロだったらどうですか？

生徒R▼6以上は6ひとつだけだから、5つもある5以下とずいぶん違います。

野崎●そうです。だから、まず表と裏が1枚ずつ出るものと、2枚とも表が出るものと、あるいは2枚とも裏が出るものとの起こりやすさが同じなのかどうかを考えないと、判断してはいけません。

　こうやって、僕がいろいろ手を替え品を替えして説明したのにちっとも納得しなかった編集者の男性が、ある日突然納得しました。納得したとたんに「あたりまえじゃないか、こんな難しい説明はいらない」と言う（笑）。

　こういう議論は自分で説明して相手を納得させるのは大変なので、相手に説明させるのが賢い方法ですね。1/3派の人に〝表・裏〟〝裏・表〟を区別しなくていい理由を論理正しく説明してもらうのです。

生徒M▼それはうまい方法だ。

野崎●ついでにいうと、『百科全書』を編集したダランベール［＊］が1/3派だったらしいのです（この話は非常に有名でいろんなところで書かれていますが、実際はうっかりして言っただけかもしれません）。そんな偉い人が間違えるのだから、今の若い人たちが間違えるのも無理ないですね。

確率の数え方の原則として、次の2つを覚えておいてください。

・ありえる場合を全部数える
・どの場合も同程度起こりやすいかを考える

［＊］ダランベール（Jean Le Rond d'Alembert 1717–83）……フランスの数・哲・物理学者。ディドロとともに『百科全書』を編集しただけでなく、解析力学、太陽と地球と月の三体問題などを研究したマルチ学者。

●友達のうちはどこ？▼

花子と太郎のきょうだいは、毎日いっしょに学校に行っています。いっつも同じ道ではつまらないので曲がり角に来たらジャンケンをして、花子が勝ったら東に、太郎が勝ったら南に進みます（遠回りはナシ）。偶然、リカの家の前を通った日はリカも誘って3人で仲よく行きます。

さて、リカもいっしょに学校に行く確率はいくつでしょうか？　分数で答えてください。

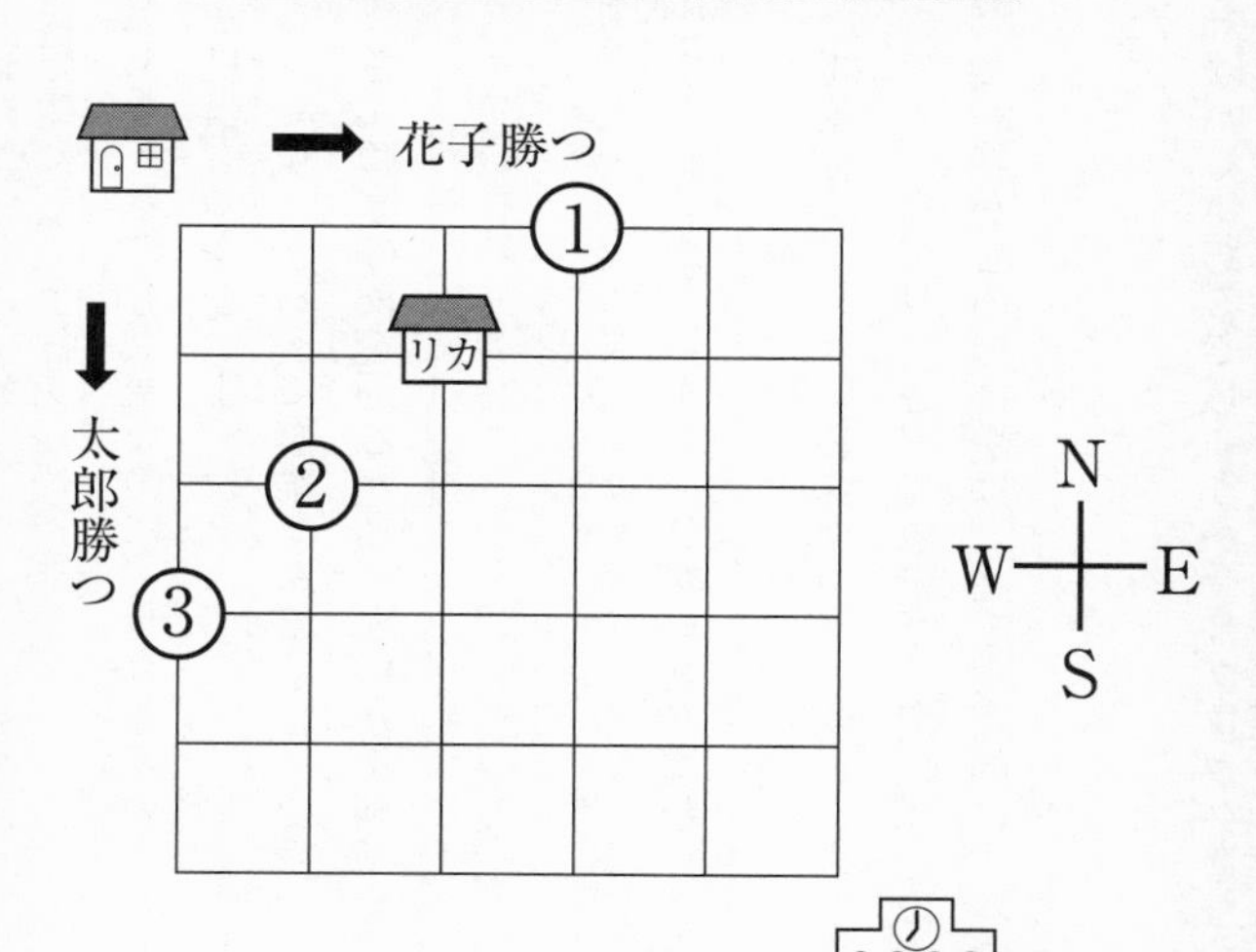

生徒Ｍ▼誘われない日はリカさんは１人で学校に行くのか。

それにしても、全部で何通りあるかを考えるのも大変なのに、リカさんの家の前を通る確率なんてどうやったらいいのか見当もつかないよ。

野崎●実際の問題というのは、たいていこういうふうに複雑なんですね。でも、ちょっと冷静に考えてみてください。リカさんの家の前を通るか通らないかを判断をするポイントは限られてきませんか？

生徒Ｍ▼え？

生徒Ｒ▼そう言われてみれば、あまり難しく考えなくていいかもしれない。３ブロックの道を行けばリカさんの家に着きますよね。だからまず、３ブロック進む行き方だけを考えればいいような気がします。

野崎●そうなのです。文章で書かれた問題を解くときに必要なのは、要点をすばやく見つけることです。あと戻りナシなのですから、リカさんの家にさえ着けばそこから先は関係ありませんね。学校に着くだとか着かないだとかは、話を現実的にするためにちょっと入れてみただけなのです。

生徒Ｍ▼まどわされちゃいけないんだ。

野崎●さて、３ブロックを進む行き方はいくつあるでしょうか。３ブロック進むためには3回ジャンケンをします。花子さんが勝ちつづけて、東に3つ進んだ地点を①としましょう。花子さんが2回だけ勝つと、どこに着きますか？

生徒R▼リカさんの家です。

生徒M▼最初に2回勝っても、2回目と3回目に勝っても、1回目と3回目に勝っても、着くのは必ずリカさんの家だね。

野崎●そうです。同じように花子さんが1回勝つと必ず②に着き、全敗なら③に着きます。その4つ以外に着くことはありませんね。

生徒2人▼はい。

野崎●それならリカさんの家に着くのは、$\frac{1}{4}$としていいですか？

生徒M▼ダメだよ。4つはそれぞれ行き着きやすさが違うんだから。

生徒R▼①と③に行くのは1通りで、リカさん宅と②に行くのは3通り。全部で8通りですね。

野崎●その8通りはどれも同程度ですか？

生徒R▼同程度です。

生徒M▼花子さんがとくにジャンケンに強いとか、弟がいつも後出しするとかでなければ。

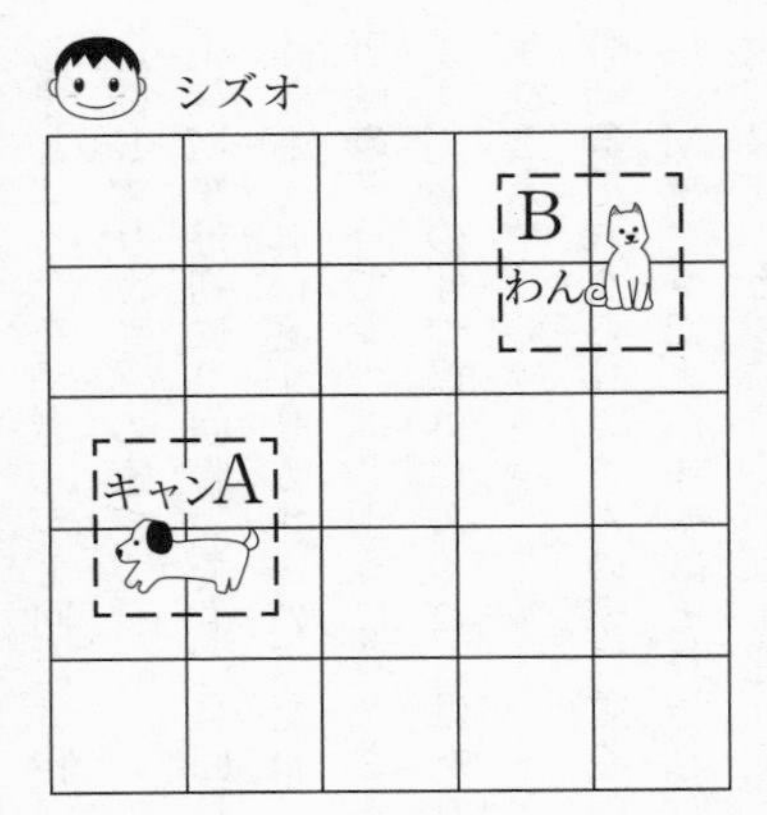

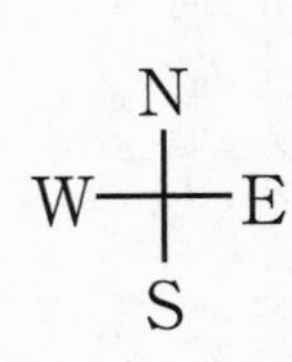

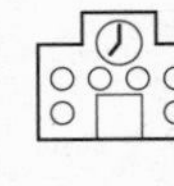

学校

野崎●ジャンケンは公平なものと考えてください。答えはどうなりますか？

生徒R▼$\frac{3}{8}$です。

野崎●正解です。もう少し難しい問題に進みます。

●ブルドッグにご用心!!▼

静雄君は小さいとき、隣の家で飼っている犬に噛まれて以来、犬という犬が大嫌いになりました。ところが、近所のAさんの家には大きな柴犬、Bさんの家にはうるさいダックスフントがいます。犬の姿を見るだけで縮みあがってしまう静雄君は、その2軒の前の道は何としても避けて通らねばなりま

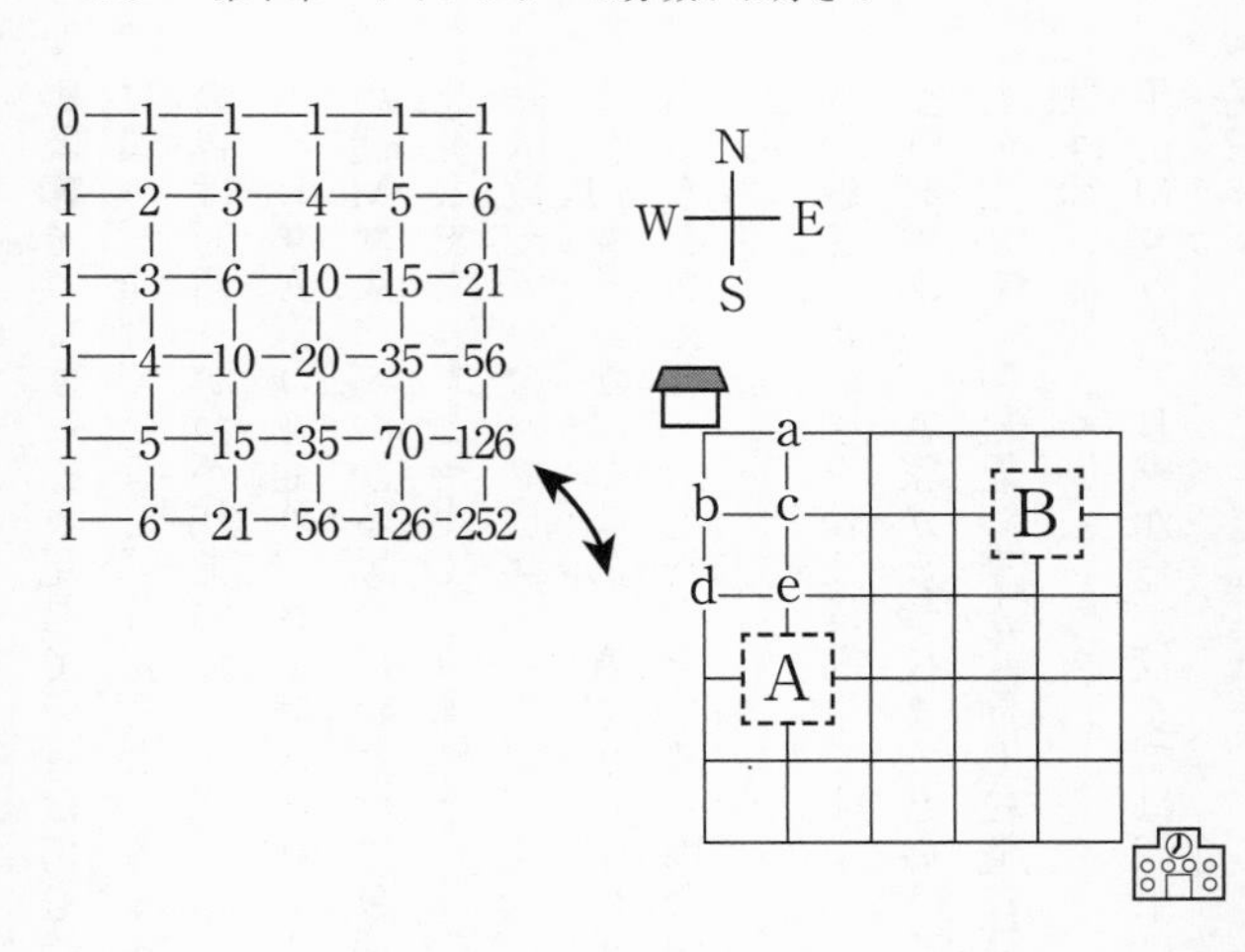

せん。静雄君が安全に学校に行く道は何通りあるでしょうか？（遠回りナシ）

生徒M▼数えてみようか。

野崎●それでは大変なので少し工夫しましょう。図を見てください。東に1つ進むaは1通り。南へ1つのbも1通り。じゃあcは？

生徒R▼2通りあります。

野崎●ええ、2通りというのは見た瞬間にわかると思いますが、じつは、ある計算をしています。cに行くために通るaの1通りとbの1通りに注目してください。

生徒M▼なるほど、足して2通りだね。

生徒R▼eに行くためにはcの2通りとdの1通りを足して3通りになるんですね。

野崎●そうです。次々足していけば何も怖いものはない。すべて計算すると図のようになり、全部で252通りだとわかります。上の図で同じ位置を見れば、犬に出会う場合は何通りかわかりますね。

生徒R▼A家は4通り、B家は5通りです。

生徒M▼犬にぶつかる場合は合わせて9通りか。252から9を引けば……。

生徒R▼ちょっと待って。9通りというのはA家やB家に行きつくまでだけで、その先は数えていないでしょ。

生徒M▼そうか。じゃあ、A家から学校までと、B家から学校までとそれぞれ何通りあるかを数えて、その両方を全部の場合から引けばいいのか。けっこうめんどくさいなあ。

野崎●さっきの図を使えば簡単ですよ。

生徒R▼あっ、A家から学校までということは、東に4ブロック、南に2ブロック進むのだから、静雄君の家から同じ位置に到達する地点をみれば15通りってすぐわかりますね。

生徒M▼うん。B家から学校までは、東に1、南に4だから5通りだ。合わせて20かな？

野崎●あわてないでください。さっきはA家やB家の先を忘れていたけれど、今度は到着するまでの道を忘れていませんか？

生徒R▼A家とB家と、それぞれ掛け算をすればいいんですね。A家は4×15＝60、B家は5×5＝25。合わせて85です。

生徒M▼ということは、252－85＝167で167通り。

野崎●正解です。

生徒M▼ああ、めんどくさかった。

●愛情の裏にひそむ顔は？▼

表と裏が図のようになった3枚のカードがあります（表か裏かは区別できません）。そのうち1枚を机の上に置いたら♡が出ました。その反対側も♡である確率は？

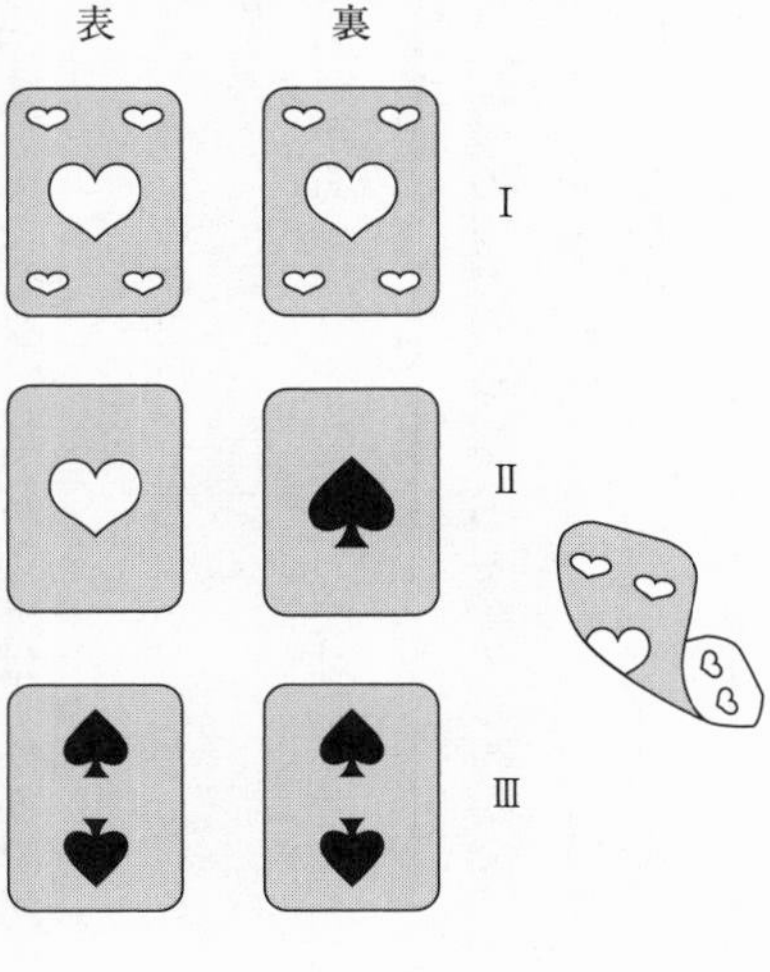

表　裏

I

II

III

野崎●この問題は簡単だけど、ひっかかりやすいんですよ。出たカードはⅠかⅡですね。

生徒M▼Ⅰの反対側だったら♡、Ⅱの反対側だったら♠だね。ⅠかⅡか、と考えると$\frac{1}{2}$のような気もするし、違うような気もする。

生徒R▼Ⅰの表、Ⅰの裏、Ⅱの表、と3つの♡があって、それぞれの反対側を考えると、（♡、♡、♠）になってるわけだから$\frac{2}{3}$じゃないのですか？

野崎●2枚のカードのうち1枚と考えるか、3つの♡のうちの1つと考えるのかですね。どっちが公平だと思いますか？

生徒M▼そうか。Ⅱのカードも半分は♠が出るんだから、ⅠとⅡは公平ではないんだ。

野崎●ええ、$\frac{2}{3}$が正解になります。

トランプを使ったおもしろい問題を、ほかにもやってみましょうか。

●トランプ占い「魔法の鏡」▼

エース、キング、クィーン、ジャックをそれぞれ全マークとジョーカーの計17枚のカードをよく切って、図のように4×4に伏せて並べます。手元に残った1

枚が◇Kだったら、◇のキングの指定席（左から2番目、上から2番目）にあるカードをどけて◇Kを表にして置きます。どけたカードが♣Qなら、♣Qの指定席にあるカードと取り替えて……と続けていって、ジョーカーが出た時点で終わりにします。全部のカードが開かれる確率はいくらでしょうか？

野崎●これは占いです。ジョーカーが出て終わったときに開かれているカードを見ると運勢がわかります。◇が最初に出たら「お金持ちになれますよ」、♡が続けて開いたら「大恋愛をします」、次に♣なら「友達が助けてくれますね」という調子で、カードの種類と開く順番を見て、適当にしゃべっていきます。♠で終わったら気をつけ

たほうがいいですね。それまでいいカードが出ていても、最後の最後で邪魔されるかもしれません。

さて、問題は全部のカードが開かれるときです。愛情運、友情運、金銭運すべてよしですが、不幸や危険もめいっぱい訪れるという複雑な運勢ですね。全部が開くというのは、最後までジョーカーが出ないということですが、それでは、最初の1枚がジョーカーでない確率は？

生徒R▼$\frac{16}{17}$です。

野崎●ええ。逆に言えば、ジョーカーの出る確率は$\frac{1}{17}$ですね。じゃあ最後がジョーカーで終わる確率は？

生徒M▼それも$\frac{1}{17}$じゃないのかな。1枚開いた時点で終わるか、2枚目で終わるか、17枚目で終わるか、ということだから17通りでしょ。

野崎●たしかに何枚開くかは17通りですが、さっき言ったように、それがすべて公平かどうかを考えなくてはいけません。1枚を開くものは17通りの組み合わせがありますね。2枚選ぶときの組み合わせは何通りですか？

生徒R▼17枚から1枚選んで、次に16枚から1枚選びます。前後が入れかわるだけの組み合わせが2つずつあるので2で割って17×16÷2＝136です。

野崎●ところが、17枚を全部開くパターンはどうですか？　1通りしかないでしょう。

生徒R▼そう言われてみれば。

生徒M▼とすると、それぞれまるっきり公平じゃないということか。ややこしい計算が必要になるのかな。

野崎●どのカードが出るか、最初は17通りの可能性がありますが、2回目には16通り、その次は15通り……と、だんだん減っていきますね。

生徒M▼17!（17の階乗＝17×16×15×…×2×1）分の1？

野崎●それはいくらなんでも少なすぎます。

生徒R▼最初にジョーカーが出ない確率が、$\frac{16}{17}$で、次が$\frac{15}{16}$、その次が$\frac{14}{15}$……となるからそれを全部かけたらいいと思います。

野崎●よくわかりましたね。今の分数を全部書き出すと、

$$\frac{16!}{17!}\left\{=\frac{16\times15\times\cdots\cdots\times3\times2\times1}{17\times16\times\cdots\cdots\times3\times2\times1}\right\}$$

になります。答えはいくつですか？

生徒M▼消していこう。あれ、ほとんど消えちゃうよ。$\frac{1}{17}$？

野崎●正解です。数字としては最初にM君が言ったもので合っていました。だまされた気分の人は樹系図をつくって調べてくださいね。

第十一章「数」のよろず話

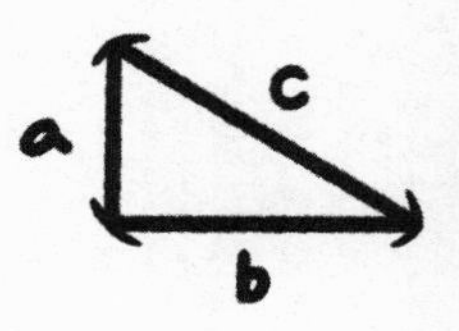

●ピタゴラス級の定理はもう出ない⁉▼

野崎●今回は、現代の数学の話でもしましょうか。

生徒R▼第六章に「P＝NP というのが証明できたら、すごい数学上の発見になる」という話がありましたが、私には理解できませんでした。最近の数学には、だれにでもわかるような、新しい発見というのはあまりないんですか？

生徒M▼そうそう、ピタゴラスの定理みたいな簡単なやつ。

野崎●数学上の発見はいっぱいあるんですけどね。4年ごとにフィールズ賞［＊1］を与えられる学者がいるんだから。ただ、現代の数学は進みすぎていて説明が難しい。ピタゴラスの定理みたいに、だれにでも内容を説明できるような問題は、最近はほとんどないと思います。

生徒R▼数学の世界はむかしから一般の人には近づけないものだったんですか？

野崎●そんなことはないです。ここ200〜300年でしょ、数学が進みすぎて一般常識から完全にかけ離れたのは。

生徒M▼問題だけならわかりやすいのもあるよね。地図を4色に塗り分ける問題［＊

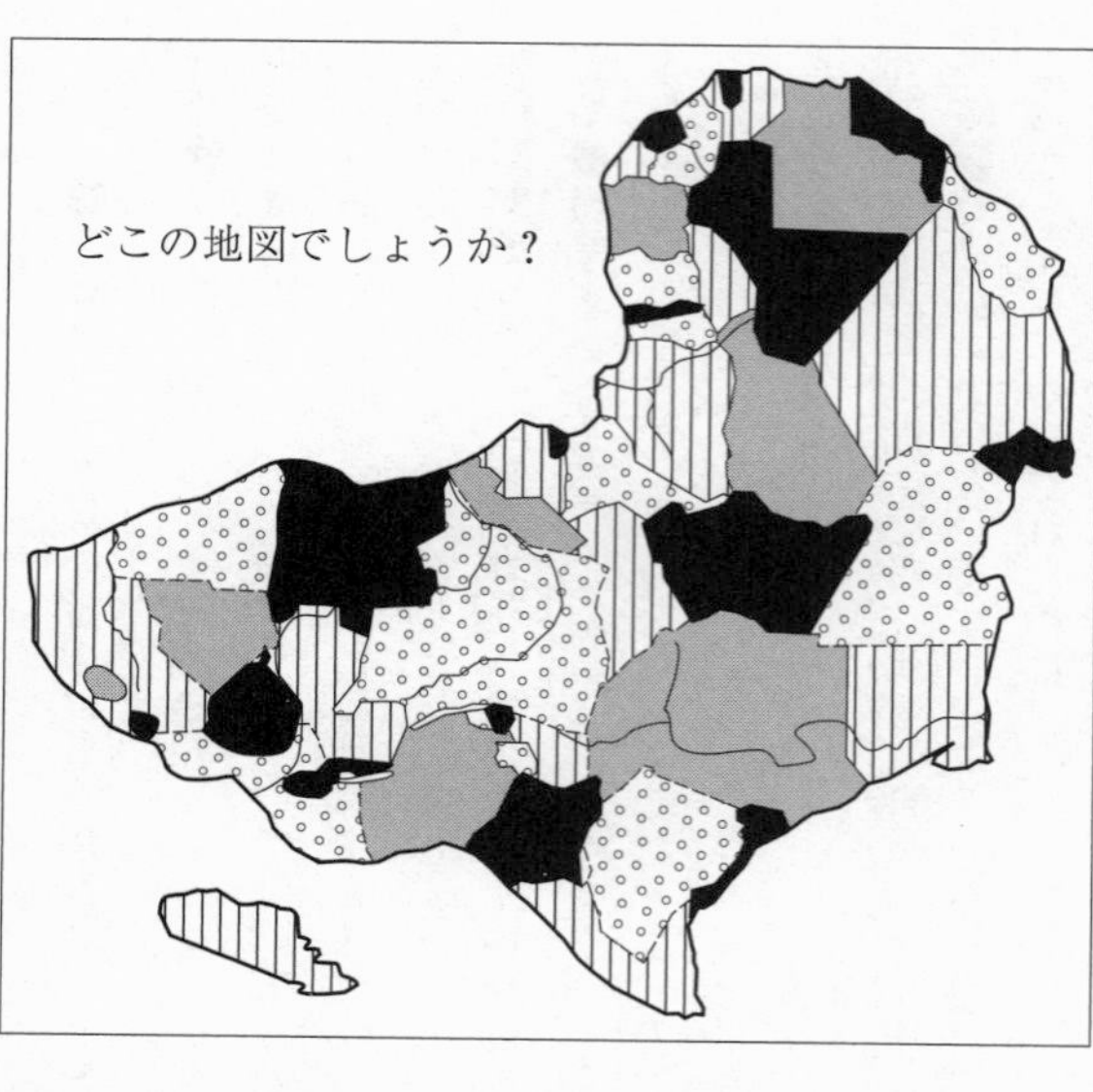

2」とか、新聞で読んだけど。

野崎●「4色問題」は有名な問題ですが、数学の中では孤立したものです。円周率を10億桁まで計算するのと同じで、解けてもどうってことはない。ただ、だれにでも内容を説明できるので有名になりましたから、できれば新聞に載るんですよ。

生徒R▼最近も、フェルマーの最終定理［＊3］というのが新聞に載っていましたね。

野崎●あれも有名な問題ですね。じつはここ2〜3年毎年続けて、解けたという記事が出ましたが、今度こそ解けたのでしょうか。

生徒M▼解があるんなら必死にさがすけど、あるのかないのかわからない問題じゃヤだな。

生徒R▼解が存在しないことの証明は、とても難しいのですか？

野崎●いろんな人がトライしたおかげでずいぶん進みました。個別には、ある程度わかっているらしいです。n＝3のときは存在しない、n＝4もダメ、5もダメ……というのがずいぶん先の方までわかっている。それでも、すべてのnに対して解が存在しないということは、長い間わからなかったのです。もしかしたら、これが、問題じたいをわかりやすく説明できる最後かもしれません。


［＊1］フィールズ賞……4年ごとに数学上の業績に対して与えられる国際的な賞。原則として受賞者は40歳以下。カナダの数学者フィールズ（C. Fields 1863-1932）の提唱により、1936年に始まった。

［＊2］4色問題……どのように区切られた地図でも、4色あれば国境を挟んで隣りあう国が異なる色になるように色分けできるか、という問題。1852年、ロンドンの数学者モルガンがダブリンのハミルトン卿（六章、ハミルトン路の考案者）に送った手紙が発端と言われる。

［＊３］フェルマーの最終定理……数学者フェルマー（Pierre de Fermat, 1601-65）が、「$X^n+Y^n=Z^n$」は、指数nが3以上の整数のとき、X、Y、Zを満たす自然数解をもたない」という内容のメモを残して死に、以来、全世界の数学者や研究家がその証明を試みるが、３００年以上の間、だれも成功しなかった。しかし１９９４年10月、ついにプリンストン大学のアンドリュー・ワイルス教授が証明を宣言した。

●　隣りは何をする人ぞ⁉　謎にみちた数学界　▼

生徒Ｍ▼フィールズ賞って、数学のノーベル賞みたいなものなんだね。

野崎●ええ。１９９４年もチューリヒで国際数学者会議があって、３人がフィールズ賞をとりました。その前の90年には京都で同じ会議があって森重文さんが受賞しましたね。研究内容が新聞に書いてあったけれど、あれを読んでも僕にはわからない。

生徒Ｍ▼えっ⁉

野崎●そんなものですよ。少しでも専門がはずれると全然わからない。僕が学生のころ、みんなで助教授のところにお酒を飲みに行ったら学会の話になって、助教授が

「講演聴いても俺たちわかんないもんなあ」と言うのです。びっくりしてね。でも、自分が助教授になったときはやっぱりそうでした。

生徒R▼わからないときでも講演を聴いているんですか?

野崎●義理があるときは我慢して聴いて、最後に拍手するんだけど(笑)、そうでなければ遊びに行っちゃう。そのかわり僕が講演する番になると、専門が少し離れた人たちは帰ります。

　何が難しいかというと、新しい問題を解くために新しい概念や言葉をつくるんですね。言葉じたいは古いけれど、新しい意味を持たせる。わけがわからないことをしゃべる人を「唐人の寝言」と言ったりするけど、まさにそれです。

生徒M▼そういえば、数学科の大学生に勉強内容の話を聞かせてもらったとき「平行線が存在しない空間の中で」という前提で話しはじめるんだけど、平行線がないなんて、そういう空間の意味がさっぱりわからなかった。

野崎●それについては、地球の表面を空間と考えれば具体的に説明できます。2点を結ぶ最短距離が直線ですね。すると地球上での直線とは大円(地球の中心を通る平面で切った円)の一部です。すると、どんな2つの大円も、それぞれどこかで交わるでしょ。

生徒R▼でも、地球が丸いからって、平行線まで曲がる必要があるのですか？

野崎●直線が曲がっているのだから、平行線だけまっすぐにはできませんよ。大円を直線と考える場合は、直線とは「大円」なのですから、地球の外には出ません。だから平行（直）線もありえないのですね。

生徒M▼地球が丸いということを考えれば、それも納得できなくはないけれど、数学というのはそういう現実は考えなくていいのかと思っていた。ものを落としたときの空気の抵抗とか、地球が球面であるとかは無視して、すごく純粋な環境で、単純に考えるというか。

野崎●それは数学を見くびりすぎですよ（笑）。算数ではやらないけど、大学の数学では空気抵抗は計算式にいれます。極端に単純化した場合も考えたうえで、空気抵抗があるとき、動いているとき、重力の働きの違うとき、たとえば我々の空間の重力は、距離が2倍になると重力が4分の1になるという逆自乗の法則で動くけれど、それが単純な反比例だったらどうなるかなど、とにかくありとあらゆる場合を考えるのです。

生徒R▼そういう法則の空間があったと仮定するのですか？

野崎●ええ。

生徒M▼そんなこと考えてたらキリがないと思うけど。

野崎●でも、そうやって、いくらでも問題がつくられてきました。うまくできている問題なら100年後になってもたくさんの数学者が挑戦しています。

●マーティン・ガードナー▼

生徒M▼現代の数学の問題は難しそうだから、数学者のおもしろい話を聞きたいな。

野崎●学者ではないけど、すごく興味深い人物がいますよ。マーティン・ガードナーといって、『サイエンティフィック・アメリカン』という雑誌に長年数学パズルのコーナーを担当した人です。信じがたいほど多くのいい仕事をしていて、これだけ幅広い人は、日本にもドイツにもフランスにもいない。数学だけじゃなくて、"Annotated Alice" という厚い本を書いてルイス・キャロルの紹介もしています。『不思議の国〜』と『鏡の国〜』について、この記述はこの時代の何を風刺しているとか、この単語は辞書に載っていないけれど、こういうふうにキャロルがつくったとか、ちょっと、一般読者では気がつかないような克明な注をつけました。

生徒R▼読んでみたいですね。英語だとずいぶん時間がかかるかもしれないけど。

野崎●たしか、日本語版も出ていますよ。高山宏さんの訳だったかな。

　ガードナーさんの評判がいい理由のひとつに、公平で正直だった点があります。『サイエンティフィック・アメリカン』で、おもしろい投書には必ず投書した人の名前をつけて紹介していました。新しい情報は彼に教えるときちんと紹介される。

生徒R▼ガードナーさんに投書していたのは、専門家だけじゃなかったんですね。

野崎●ええ、パズルの世界になると、数学者よりアマチュアのマニアのほうがうわ手だったりします。そういう人の手紙を誠実に取り上げつづけていると何がおこるかというと、情報がたくさん集まる。だからすごい物知りになる。

生徒M▼野崎先生も手紙を出したことありますか？

野崎●1回、情報を知らせたことがあります。すぐに返事が来て、「この部分について、もう少し細かい資料をくれないか」と言ってきました。筆まめなんですね。肩書がわからなかったから宛て名に「Dr. Martin Gardner」（ガードナー博士）と書いたら、戻ってきた返事には、自分はドクターじゃないからやめてくれとありました（笑）。悪いことしちゃったかな。名誉学位ぐらいはもらったっていい人なんですけどね。

●あいまいな文には括弧をつけろ⁉▼

野崎●彼の調べたことの1つに、カタラン数というものがあります。1、1、2、5、14、42……と増えていく不思議な数列なんだけど、知っていますか？

生徒M▼聞いたことないです。どんな法則があるのかな。掛け算じゃないし、1つおきでも、2つおきでも違うし、テレビのチャンネルともちょっと違う。

野崎●この数列は、法則というか出し方がいくつもあるところが不思議なんですね。たとえば、数式の計算順序を指定するための括弧のつけかたを見ると、文字が1つなら括弧は1つ。$x-y$ の引算の順序を指定するためにつける括弧も1つ。$x-y-z$ の引算なら、$(x-y)-z$, $x-(y-z)$ の2通りですね。では、$x-y-z-w$ の4つだったらどうですか？

生徒R▼$(x-y)-(z-w)$, $\{(x-y)-z\}-w$, $x-\{y-(z-w)\}$
$\{x-(y-z)\}-w$, $x-\{(y-z)-w\}$ の5通りですね。

生徒M▼で、文字が5つだったら14になるんだね。いちおう、やってみよう。

$\{(a-b)-(c-d)\}-e$

$[\{(a-b)-c\}-d]-e$

$[\{a-(b-c)\}-d]-e$

$[a-\{(b-c)-d\}]-e$

$[a-\{b-(c-d)\}]-e$

$a-[\{(b-c)-d\}-e]$

$a-\{(b-c)-(d-e)\}$

$a-[\{b-(c-d)\}-e]$

$a-[b-\{(c-d)-e\}]$

$a-[b-\{c-(d-e)\}]$

$(a-b)-\{(c-d)-e\}$

$(a-b)-\{c-(d-e)\}$

$\{(a-b)-c\}-(d-e)$

$\{a-(b-c)\}-(d-e)$

生徒R▼ほんとに全部で14でしたね。

野崎●この括弧のつけかたについて、だいぶ前、日本の数学者と言語学者が協力して調べたことがあります。

生徒M▼どうして言語学者がやったのですか？

野崎●数式の括弧をつけられる可能性が多いということは、文が曖昧であることとじつは同じなんですね。ふつうの文章は、どの文節がどの文節と結びつくのかを細かく指示しません。

生徒R▼あ、わかりました。「子どもがたくさんミカンを食べている」みたいな文章ですね。

生徒M▼子どもがたくさんなのか、ミカンがたくさんなのか、両方なのかわからない。

野崎●そうです。文節のつなぎ目がn個あった場合、内容を度外視すると、切り方の組み合わせは2のn乗あるんですね。切るのか切らないのかわからないところがn箇所。括弧をつけるのかつけないのかもn箇所。それから、文の曖昧さは文節レベルでなくてもあります。極端な例だけど、左の文なんてどう読みますか？

今日本人がきました

生徒M▼きょう、本人が来ました。

生徒R▼いま、日本人が来ました。

生徒M▼電報文みたいにして「今ニッポン、ヒトガキ増シタ」。う〜ん、ちょっと無理があったな（笑）。

● カタラン数あれこれ ▼

野崎●さて、このカタラン数がガードナーさんの手にかかると、括弧のつけかた以

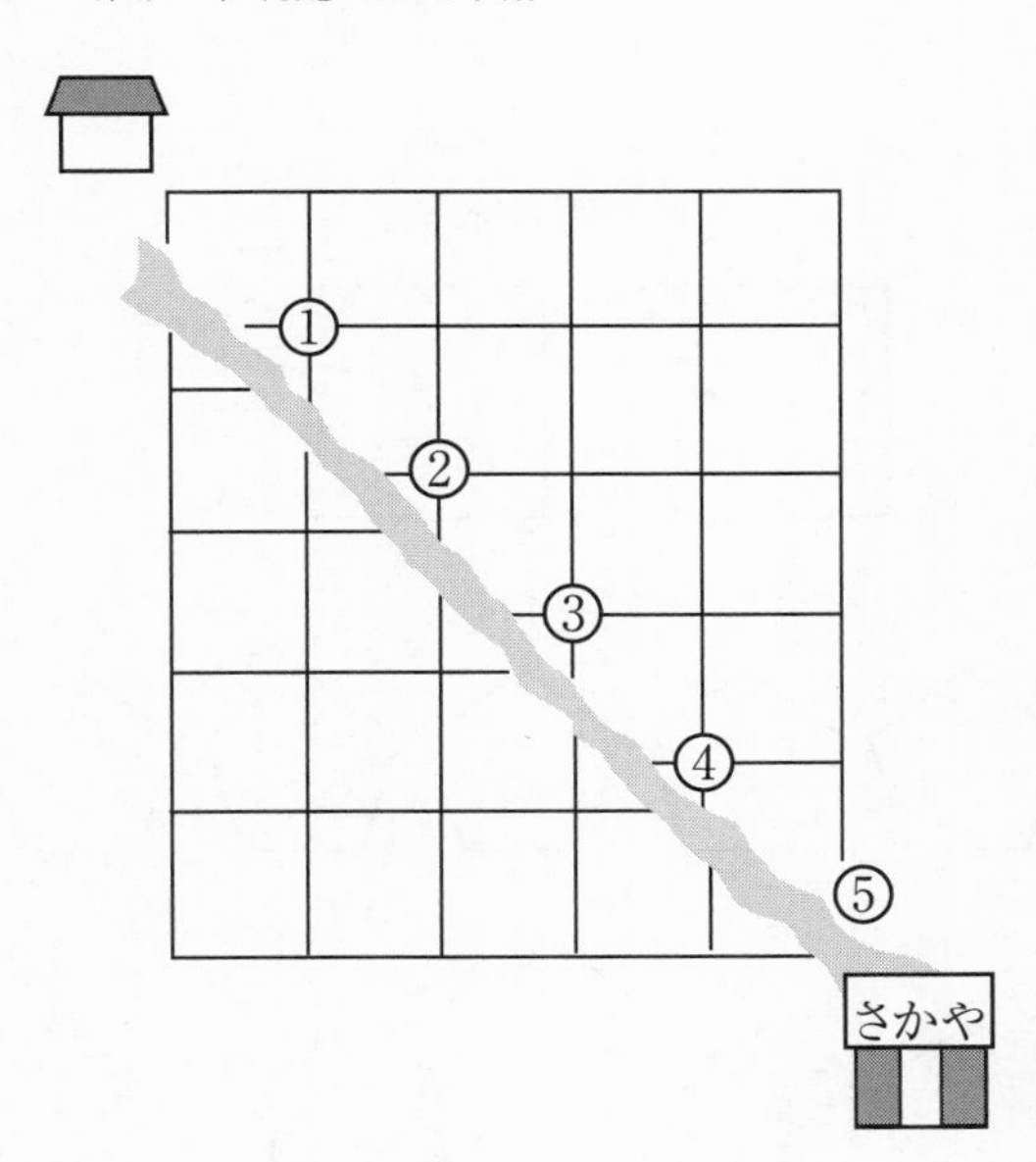

外にいくらでも例が出てくる。十数通りぐらいでしたか。カタラン数を調べている人は多くても、ガードナー以上のものを書いた人を知りません。僕も挑戦したけど、新しいのは見つかりませんでした。

生徒R▼たとえば、どんな例がありますか？

野崎●有名なのでは、斜めに流れる川に2分された碁盤目の町を進む、というものがあります。家から②の位置に行くためには、東にも南にも2ブロックずつ進む、③に行くには3ブロックずつ……ということですが、それ

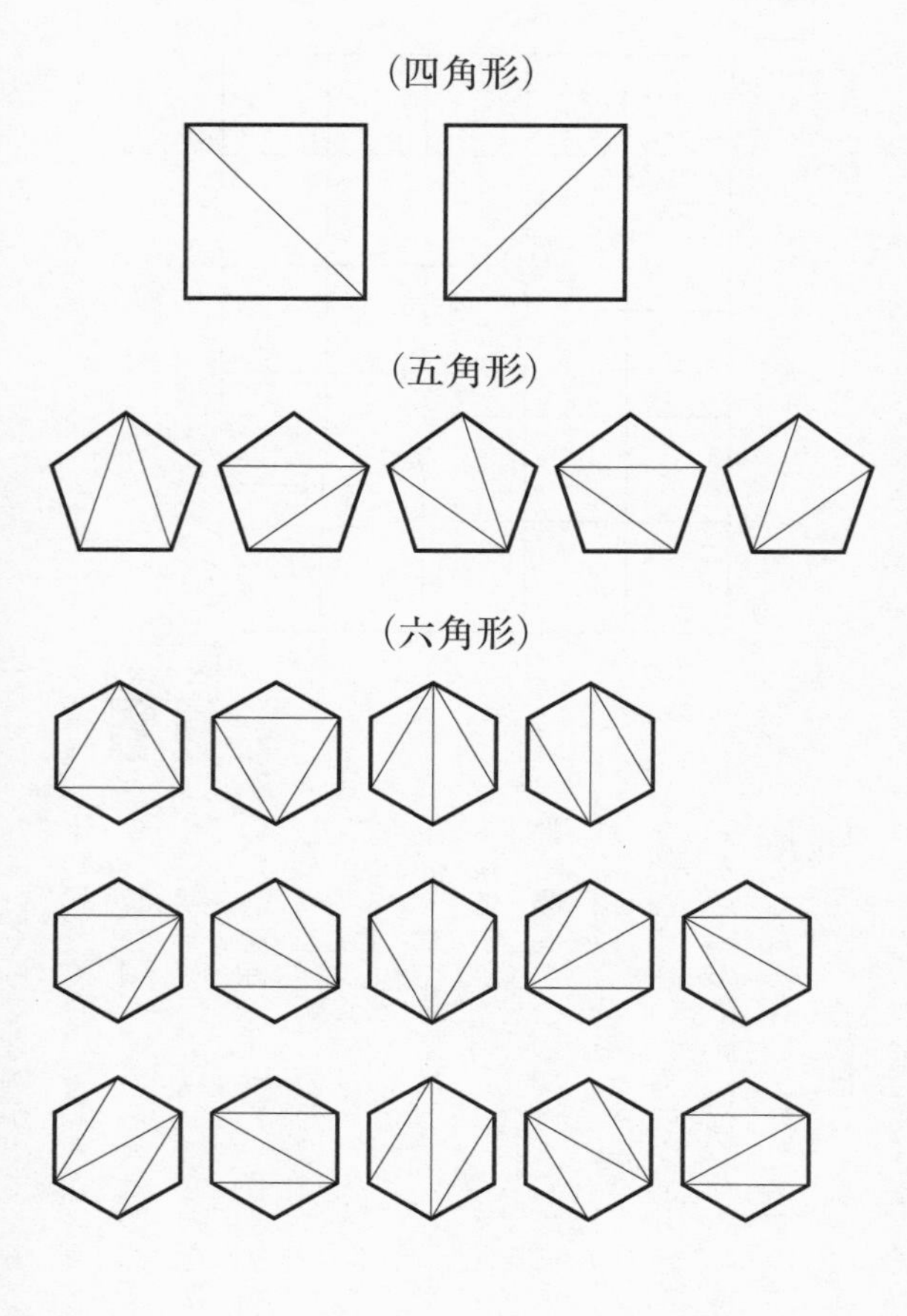
(四角形)
(五角形)
(六角形)

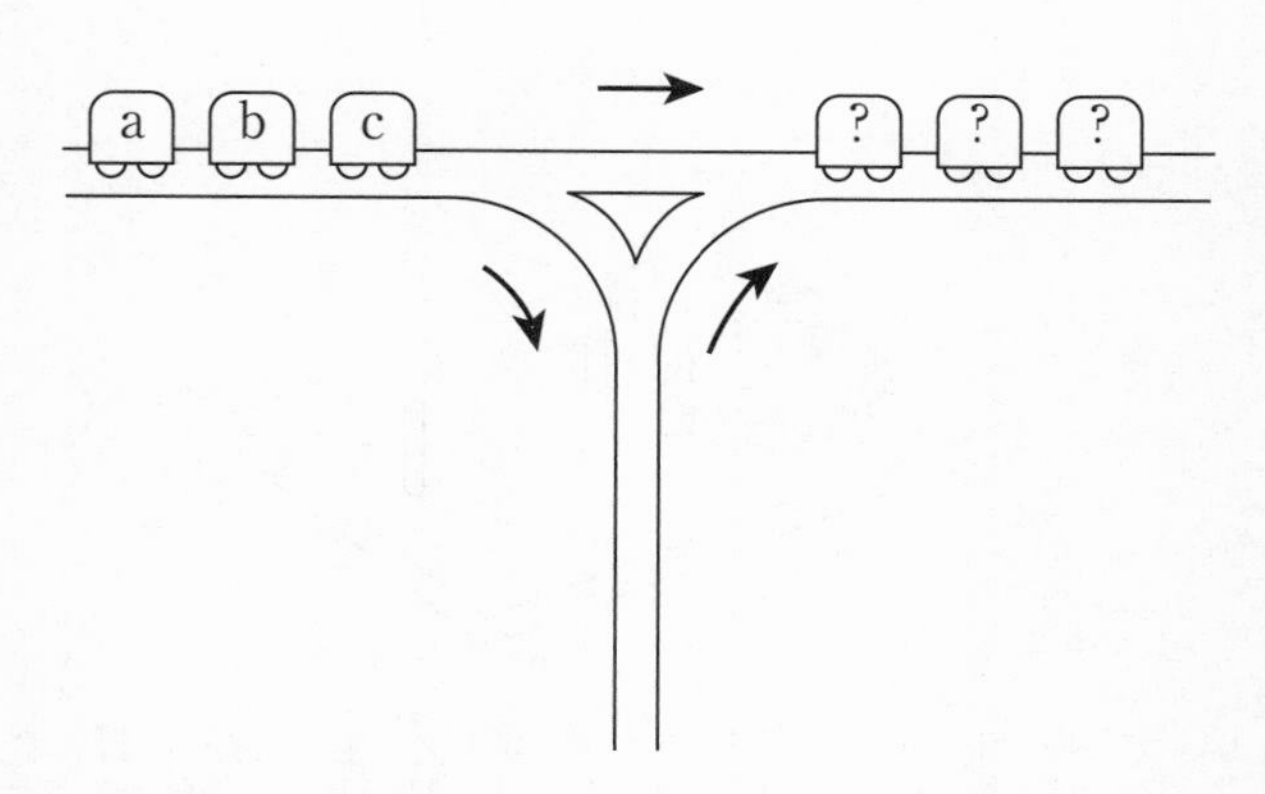

ぞれ何通りの行き方があるかを数えてみてください。

生徒M▼2ブロックずつなら2通り、3ブロックずつなら5通り、4だったらえっと14通り、ホントだ。さっきと同じ数列だ。

野崎●もっと簡単なのはn角形の分割。四角形を三角形に分割するには、対角線にひくだけなので2通りしかありません。ところが五角形だと5通り出てくるんですね。六角形なら14通り。

生徒R▼三角形は分割できないんですね。

野崎●n角形の分割が（n－2）番めのカタラン数になると考えてください。

　ほかにもいっぱいあるんだけど、あと一つだけ挙げておきます。図のような線路でひきこみ線を使って電車を並べかえる可能性もカタラン数になっています。

ハノイの塔

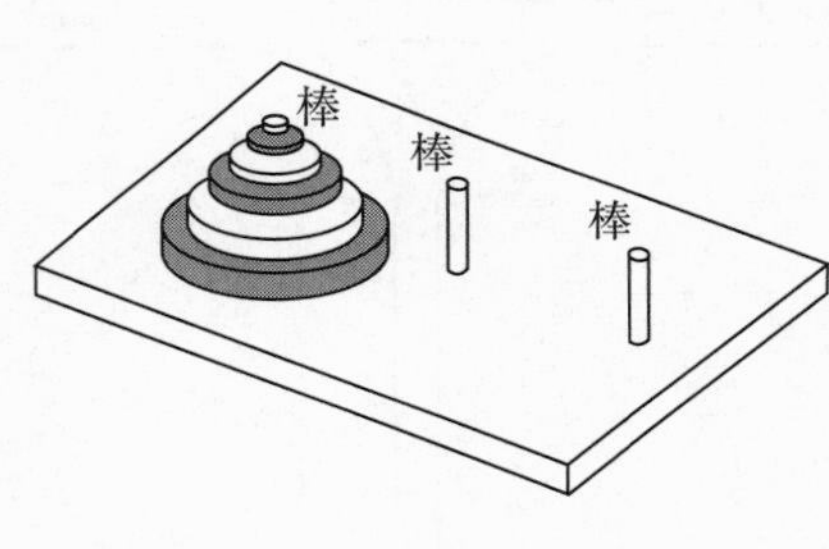

生徒M▼バベルの塔みたい。

野崎●ハノイの塔［＊］でしょ。あれはもっと厳しい条件がつきます。小さいお皿の上に大きいお皿を乗せたらいけないとか。

生徒R▼電車の数が増えると並べかえの可能性が増えていくんですね。

生徒M▼やってみよう。２台の電車なら当然２通り。３台ならａｃｂ、ｂａｃ、ｂｃａ、ｃａｂ、ｃｂａ。あれっ、６つだけど。

野崎●単純に組み合わせを数えていませんか？　本当に電車をひきこむことができるかどうかをたしかめてみてください。

生徒R▼ｂｃａは、できないと思います。

野崎●できませんね。ａを先に行かせることはできても、ひきこみ線の中には、ｃがｂより奥に入っているので、ｃをａの次に行かせることはできない。

生徒M▼bをもとあった場所に戻すわけには行かないのですか？
野崎●それを言っておかないといけなかったですね。戻せばできるけれど、この問題は遠回りナシで考えてください。その条件をつけると5通りです。これもカタラン数になっています。

［＊］ハノイの塔……3本の棒があり、うち1本には、中央に穴の開いた円盤が大きいものを下に積まれている。これを別の棒に移しかえるゲーム。その際、1度に1枚の円盤しか動かしてはいけない、小さい円盤の上に大きい円盤が乗ることがあってはいけない、という約束がある。

カタラン数の出し方

カタラン数0 $= \frac{{}_{0}C_{0}}{1} = 1$　　カタラン数4 $= \frac{{}_{8}C_{4}}{5} = 14$

カタラン数1 $= \frac{{}_{2}C_{1}}{2} = 1$　　カタラン数5 $= \frac{{}_{10}C_{5}}{6} = 42$

カタラン数2 $= \frac{{}_{4}C_{2}}{3} = 2$　　カタラン数6 $= \frac{{}_{12}C_{6}}{3} = 132$

カタラン数3 $= \frac{{}_{6}C_{3}}{4} = 5$　　カタラン数7 $= \frac{{}_{14}C_{7}}{8} = 429$

記号nCr（コンビネーション）はn個の中からr個をとる組み合わせの記号で、r！を分母、n！を(n−r)！　で割ったものを分子として計算する。ただし、n＝0のときの解は1であると約束する。

$$ {}_{10}C_{4} = \frac{10 \times 9 \times 8 \times 7}{4 \times 3 \times 2 \times 1} \quad {}_{7}C_{3} = \frac{7 \times 6 \times 5}{3 \times 2 \times 1} \quad {}_{5}C_{2} = \frac{5 \times 4}{2 \times 1} $$

$$ r! = \underbrace{r \times (r-1) \times (r-2) \times \cdots\cdots \times 2 \times 1}_{r\text{個}} $$

$$ \frac{n!}{(n-r)!} = n \underbrace{\times (n-1) \times \cdots\cdots \times (n-r+1)}_{r\text{個}} $$

P.212の答え：アフリカ大陸

第十二章　数学嫌いの根をたどる

●消えた吸殻▼

生徒M▼昨日、17頭のラクダを、長男に$\frac{1}{2}$、次男に$\frac{1}{3}$、三男に$\frac{1}{9}$に分けるというヘンな遺言の話を聞いてきました。

生徒R▼17頭をどうやって$\frac{1}{2}$にするの？

生徒M▼それがうまくいくんだ。村の知恵のある老人が自分の家の1頭を連れてきて18頭にしてね、そうすると、不思議なことに完璧に分けられたんだよ。

生徒R▼18を割ると、長男が9頭、次男が6頭、三男が2頭。えっと、$9+6+2=17$だからちゃんと1頭あまって、老人に返すことができたのね。すごい。

野崎●これは、トリックに見えるけど、じつは何分の1、何分の1というのを足していくと、1にならなかったというだけなんですね。この17頭のラクダの話は有名なんですよ。1頭借りて正確に分けてから、きちんと1頭返す。

生徒M▼でもこの分け方は、厳密に言うと正確ではないよね。$\frac{1}{2}$なら8・5頭になるはずだから。きっと、だれかが得をして、だれかが損をしていると思うんだけど。

野崎●正確に計算してみると、$8\frac{1}{2}$と$5\frac{2}{3}$と$1\frac{8}{9}$になります。ところが、これを足し算しても$\frac{17}{18}$頭のラクダが余るんです。つまり遺言が間違っていたんですね。それ以前に、ラクダですから、小数点では意味がない。肉でもいいから遺言通りに欲しいという人が出てきたらともかく、ふつうは殺したら価値がないのです。

生徒R▼結果的には、全員が遺言より多くもらえたから、まあ、めでたしということですね。

野崎●端数を切り捨てたらそれぞれ8頭、5頭、1頭になるので、それよりは全員増えました。

生徒M▼でもさ、8頭が9頭になった長男と、1頭から倍になった三男がいるんだから、公平とは言えないと思うよ。末っ子はいつも得をする。

生徒R▼でも正確な数字と較べると、三男は$\frac{1}{9}$しか増えないけれど、長男は$\frac{1}{2}$も増えているのよ。私は長男が一番得していると思います。

野崎●増え方の大小は計算のしかた（差を考えるか、比を考えるか）で違ってきます。正確な数の比なら、どれも$\frac{18}{17}$倍で同じですが。もっともこれは遊びの話なので、だれが得かはまあいいことにしましょう。

　似たような話で「煙草の吸殻をつくる」というのを知っていますか？　吸殻を3つ集めて1本の煙草をつくります。

1/2
1/3
1/9

生徒M▼せこいなあ（笑）。

生徒R▼吸殻をほかの紙につめるんですか？

野崎●ええ。まわりの紙は新しいのを使わなくちゃいけません。三省堂の辞書の紙がいいとか言われていました。さて、手元に6本の煙草があったら、吸殻が6つできるから、もう2本吸えますね。すると2つ吸殻ができます。これはどうしたらいいでしょうか？

生徒M▼まだ使うの？　捨てればいいじゃん。

野崎●それだともったいないし、話が成り立たないんですね。フルに吸うためには、吸殻をもう1つだれかから借りてきて、最後の1本をうまそうに吸って、できた吸殻を返す。

生徒R▼合計9本吸えました。

野崎●この問題は、吸殻が2つ残るようにすればいいんだから、6本じゃなくてもいいです。ほかには、何本だったらできますか？

生徒M▼ええっと。1つ吸殻を借りて返すんだから、吸殻が2つ残ればちょうどいいんだね。最後に残る吸殻の数が、3の倍数より2つ多いものかな。2、5、8、11みたいに。すると、それぞれに3をかけて、15本とか24本とか33本とか。

生徒R▼ちょっと待って。吸殻が3つ以上残っていたら、また煙草ができてさらに吸殻が増えてしまわない？　たとえば、15の吸殻からはちょうど5本の煙草ができて、5つの吸殻からは1本の煙草と2つの吸殻ができる。1つ吸殻を借りて2本の煙草をつくったところで、また2本の吸殻ができる。これだと、もう1回借りないといけないでしょ。

生徒M▼あっそうか。最初に借りた吸殻は返せなくなってしまうんだね。じゃあ、15じゃなくて16にしたらどうかな。15個の吸殻で5本の煙草ができて、さらに5つの吸殻ができるから、残った1本の吸殻1つと合わせて6つだよ。あとは6本のときと同じ。

野崎●それでもまあいいのですが、1つの煙草だけは、使用回数が違いますね。どれも公平に使って、さらに余りをなくすためには？

生徒R▼6本の吸殻ができるように逆算していくならすぐできます。6に3を掛けて18本。

生徒M▼そのまた、掛ける3で54本？

野崎●そうですね。1つ借りて1つ返すという部分では、ラクダの話と似ているでしょう。

●割り算でケーキの分け前が増える▼

野崎●さっきの話は分数を使ったトリックだけど、分数というのは、数学でつまずく第一歩でしょうね。もっとも、小学校では算数の好きな子のほうが多いそうです。中学生になると半分ぐらいが嫌いになって、高校では好きな子が少数派になる。

生徒M▼僕も小学校までは大好きだった。図形の証明が出てきてから、苦手になった。

生徒R▼私は今も嫌いではないけれど、最近は難しくなってきて、ちょっと辛いです。

野崎●やっぱり、どこかでつまずくとおもしろくなくなって、その結果嫌いになるんでしょうか。分数でつまずく子は、分母の異なる分数の足し算や分数を使う掛け算がダメらしい。掛け算をして数が減るというのは、ピンと来ないと言うのです。

生徒M▼そうそう。僕も初めて小数の割り算が出てきたとき、割り算なのにどうして数が増えるんだろうと思った。だって、最初、丸いケーキを4人で割るとか6人で割るとかで割り算を覚えたから、0・7で割るなんて。

野崎●簡単に言ってしまえば、数学は先入観との闘いだと思いますよ。掛け算をすれば必ず増える、割り算は数が減るという先入観。だから、それをうち崩すような方法を教えないといけないですね。たとえば、0・7で割るというのを、長さ14cmのパウンドケーキを0・7cmずつにスライスしていく、と考えたらどうですか？　あるいは、面積8㎠の長方形のタテの長さが0・5cmだったらヨコの長さはどうですか？

生徒R▼ケーキは20人で分けられるし、長方形のヨコの長さは16cmになります。

生徒M▼そうだね。それなら、割り算で数が増える事実もすんなり受け入れられたんだ。もちろん僕も、しばらくしたら、割る数が1より小さければ、答えは大きくなるって理解できるようになっていたけど。

野崎●ええ、いくつか問題を解いたり、日常で使ったりするうちに、割り算で数が増えてもべつに不思議でなくなるんですね。自然に思い込みがやぶれる。ただ、割り算を教えるのに人数で割る説明だけしかしない先生がいたら、ものすごいご都合主義ですね。約束ごとだけ覚えさせよう、という。

生徒R▼数学は、難しくなればなるほど、公式を覚えて、何とかそれを使って解いていく、というのが多いですね。

生徒M▼掛け算、割り算はともかく、無理数あたりからイメージがわかないまま、約束ごとを覚えるというふうになってしまった。

野崎●無理数も幾何学的に書いて説明したら、少しはイメージがつかめませんか。ま

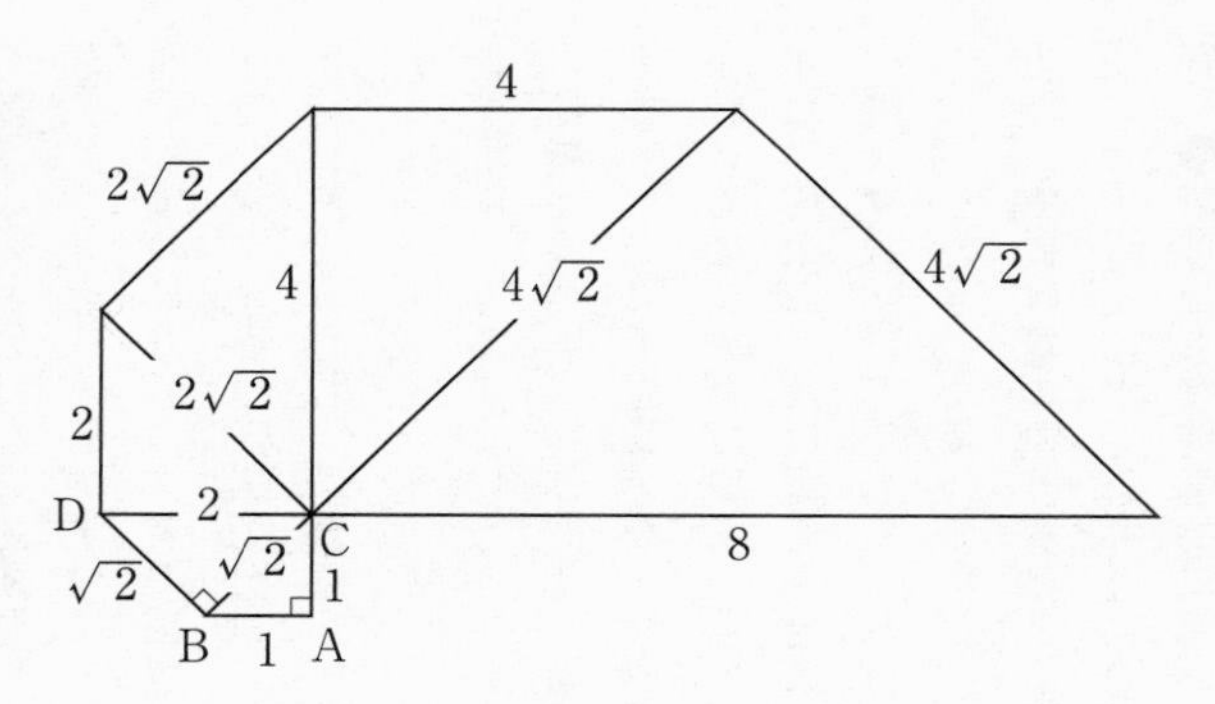

ず直角二等辺三角形ABCをつくります。するとBCの長さは〈1^2+1^2〉にルート記号をつけたものだから、$\sqrt{2}$になりますね。次にBCを底辺にして、高さ$\sqrt{2}$の直角三角形をつくってみると、DCの長さはいくつですか？

生徒R▼〈$(\sqrt{2})^2+(\sqrt{2})^2$〉にさらにルートをつけるから、$\sqrt{4}$、すなわち2です。

生徒M▼わかった。さらにDCを底辺にして高さ2の直角三角形をつくると、〈2^2+2^2〉のルートで、$\sqrt{8}$、つまり$2\sqrt{2}$になるんだね。やっと、あの屋根のイメージがつかめた。

● 数に「大小」があるとは限らない ▼

生徒R▼無理数はまだいいのですが、虚数や複素数は許しがたいものでしたね。

野崎●どうしてですか、何も悪いことしていないのに。

生徒R▼やっぱり数字というのはセサミストリートのカウント［＊］が抱えて持ってきて売りつけたり、ひっくり返したり、盗まれたり、というイメージがあるんですよ。実際に目に見えない理論上の話じゃなくて。

野崎●それなら、２次元の座標を考えてみてください。ｘ軸は実数、ｙ軸は虚数というふうに決めたら目で見えるしょう。たとえばｘ座標は３でｙ座標は２として、〈３＋２i〉を表します。視覚からわかりませんか？

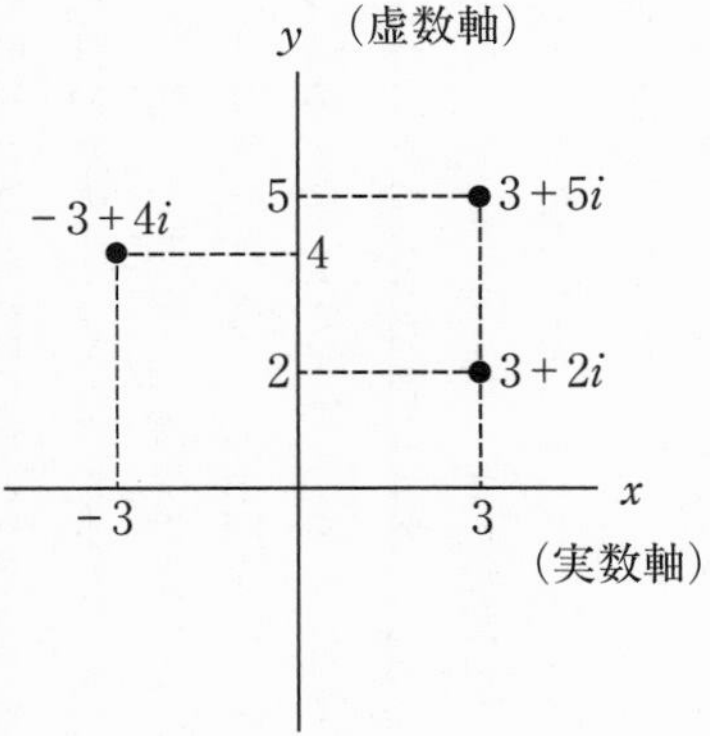

（虚数軸）
y
$-3+4i$
$3+5i$
$3+2i$
5
4
2
-3
3
x
（実数軸）

生徒M▼虚数と実数じゃ、単位が違わないかな。それに、その座標の通りに分量が増えていく感じがしない。

野崎●ええ、増えていかないんですよ。

生徒R▼〈３＋２i〉が〈３＋８i〉になっても、その値は大きくならないんですか？

野崎●なりません。感じがしないのはあたりまえで、増えないんです。目に見える分量につながるのは実数部分だけですから。虚数の値を座標で見れば上に行くというだけです。

生徒M▼大きくも小さくもないんですか？

野崎●もとから大小関係はないんです。

生徒R▼それです。大小関係のない数字というのがわかりにくいんです。

野崎●ああ、なるほど、そうだったんですか。「大小関係がある」というのが数の性質のひとつだと確信しているんですね。すると、これは説明しようもなくて「そうじゃない数もあるんだ」としか言いようがないんです。

生徒M▼大小関係がなくて、数と呼べる？

野崎●もちろん呼べますよ。今まで使ってきた数字のほとんどに「数には大小がある」という前提が成り立ったから、かなり根深い思い込みになってしまったのでしょう。割れば小さく、掛ければ大きく、という思い込みと根は同じなのかもしれません。

［＊］カウント……アメリカ製の人気テレビ番組「セサミ・ストリート」に出てくるキャラクター人形で、数を数える趣味をもつ。正式にはカウント伯爵(Count Count)という。

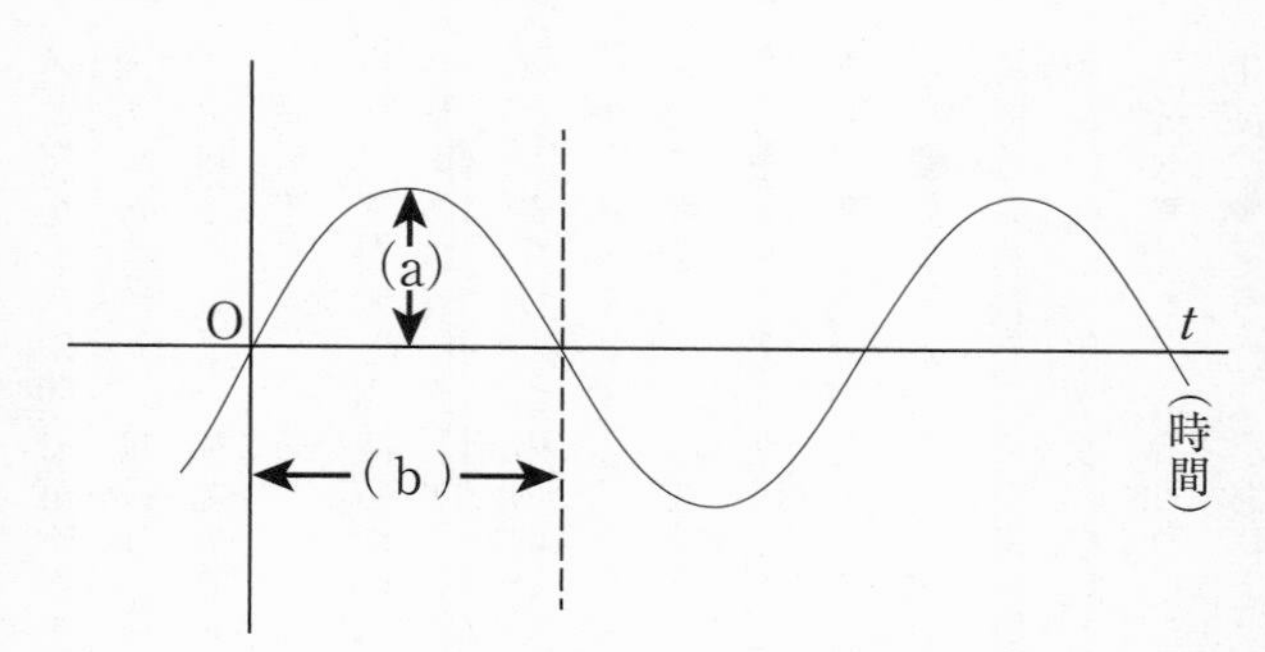

●数学はいつも便宜的▼

生徒M▼割り算の思い込みはいつの間にか消えてくれたけど、虚数の思い込みは依然として消えないみたいだ。

野崎●その理由は簡単で、虚数を使うことがないからなんですね。わからない、わからない、と思っていても、よく考えたらわからなくても全然困らないのです。虚数が本当に目に見える世界で使われているのは、電気回路ぐらいなものなんです。

生徒M▼電気回路って、豆電球と電池を使うやつ？そんなに複雑だったっけ。

野崎●小学校で習う直流ではなく交流回路のほうです。図を見てください。横軸に時間をとって、縦軸を電圧とすると、波を描くカーブになります。プラスとマイナスの間で電圧が揺れ動くんですね。これはひとつの数では表せません。振幅(a)と周波数(b)、0になる位置。この3つを使わないと、単純な発電機から出てくる交流回路の電気でも説明できないのです。

生徒M▼大変だなあ。

生徒R▼振幅と周波数がいっしょにならないように、虚数を使っているんですか?

野崎●ええ、正確にいえば実数と虚数とをワンセットにした、複素数ですけれどね。(a)と(b)とでひとつの物理量を表します。これを使うと、電流どうしを重ね合わせる演算ができるんですね。

生徒R▼でも、この電気が〈a+bi〉の値なんだと言われてもピンと来ません。

野崎●もちろん、直接この値が〈a+bi〉になるわけではないんですよ。

生徒M▼それだったら、すごく便宜的に使っていませんか?

野崎●数学というのはすべて便宜的ですよ、虚数だけじゃなくて。〈3+5=8〉なんていうのも便宜上の話で、3グラムの物質と5グラムの物質を足して8グラムになるかというと、化学反応を起こして一部分が熱になって逃げちゃうこともあるんですね。

生徒R▼でも、計算通りになるものだって、たくさんあります。

生徒M▼そうだよ。3円と5円なら8円になる。

野崎●どろぼうに持っていかれたら、0になりますよ（笑）。

生徒M▼負けた（笑）。

野崎●だから、すごく便宜的なものなんだけど、馴れれば使えるし、そのうち、便利だと思えるようになるんですね。工学部で電気を勉強した人は、日常的に使うから、かなり複素数にイメージをもっているみたいです。

生徒M▼ふうん。

●世の中わかんないことだらけ▼

生徒R▼大小関係のない数字があることはわかったけれど、それなら、たんなるアルファベットと変わらないような気もします。

野崎●でもね、$(a+bi) \times (c+di)$ を展開すると、どうなりますか？

生徒R▼ちょっと待ってください。$ac+bci+adi+bdi^2$ で、i の自乗は-1だから、$(ad+bc)i+ac-bd$ となります。

野崎●そうです。こうやって計算できるのだから数字として意味はあるんですが、高校では、結果だけしか教えることができないのです。

生徒M▼iというのは自乗すれば-1になる不思議な数だ、と覚えているから、答えは出るけど、式だけ見てもイメージはわかない。

野崎●座標で幾何学的に表すことならできます。$(a+bi)$と$(c+di)$を足すのは、平行四辺形をつくればいいんですね。

生徒R▼掛け算もできますか?

野崎●掛け算は、角度を足すことになります。図を見てください。

こういうふうに幾何学的に定義してやると少しはイメージがわくでしょうか。

生徒M▼平行四辺形になると言われても、それが何を意味するのか、イマイチわからない。

野崎●それを言われると辛いですね(笑)。ここから先は、とてもひと言では言えない。

けっきょく、虚数の説明は至難のわざなんです。高校の先生が困るのは、虚数は教えなくちゃいけないけれど、虚数が本当に役に立つ場面を教えられないことです。電子回路は複素数を使えば簡単なんですけど、高校の範囲外です。だから、とくによく勉強している先生たちはフラストレーションを起こすし、生徒たちはわかれと言われてもそりゃムリですね。

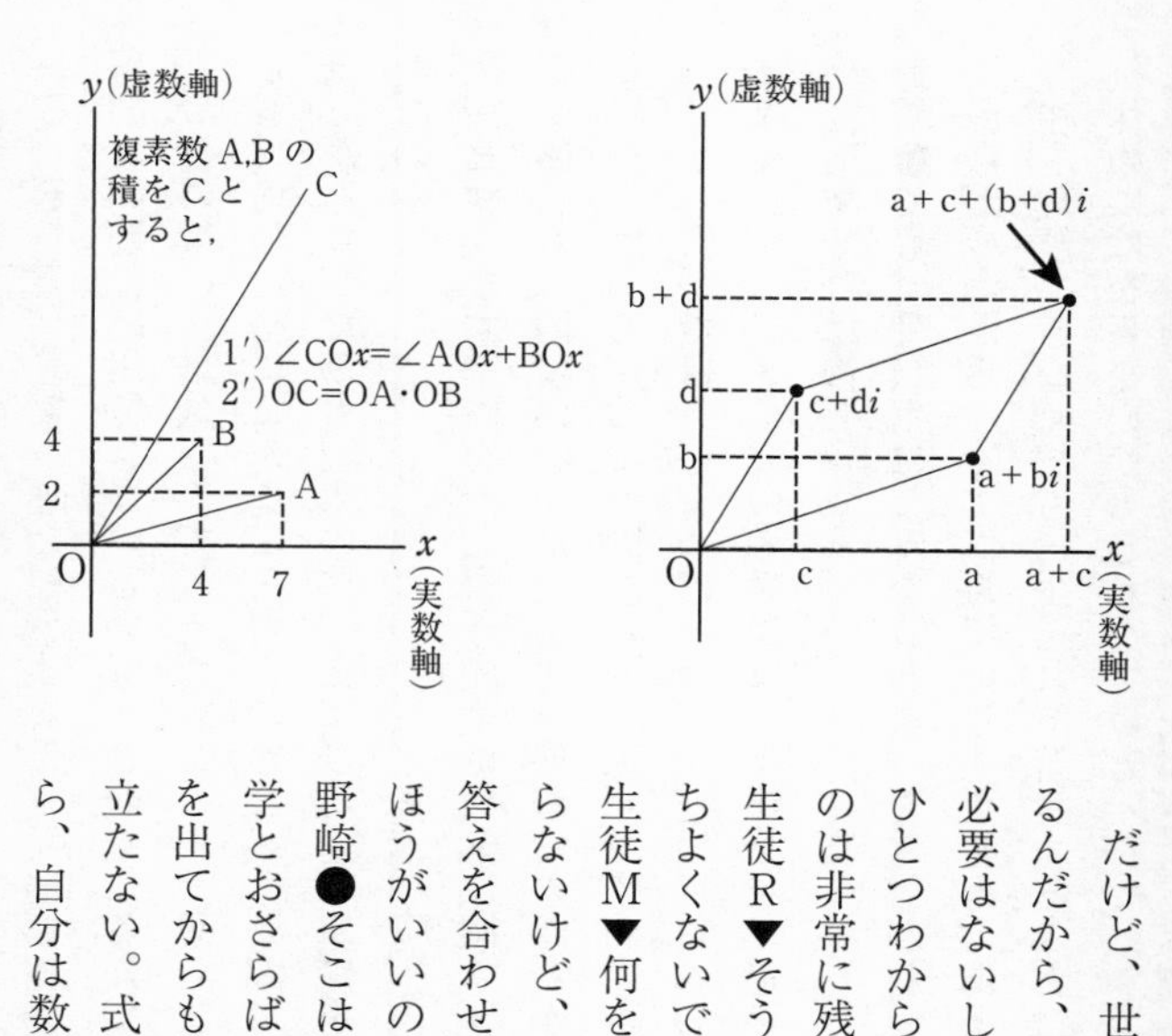

だけど、世の中わかんないことはいっぱいあるんだから、わからなくても自分が悪いと思う必要はないし、相手を悪いと思う必要もない。ひとつわからないから数学が嫌いになるというのは非常に残念ですね。

生徒R▼そうは言っても、わからないのは気持ちよくないですね。

生徒M▼何をやっているのか自分でもよくわからないけど、教わった通りに数字を埋めこんで答えを合わせよう、とあきらめてしまえる人のほうがいいのかな。

野崎●そこは悩むところですね。高校だけで数学とおさらばする人ならいいんですけど、大学を出てからも数学を使う人がそれだと全然役に立たない。式の計算がスラスラできるものだから、自分は数学ができる、よくわかると思っている。その実、虚数の何たるかは全然理解していない、だから試験問題は解けても実用的な問題に応用できないということが起こるんですね。

最善の策は、虚数なんて教えないことだと思います。使う直前に勉強すれば少なくとも、何のためにこんなこと習うのかという疑問は起こらないでしょう。そうやったほうがありがたみも増すのに、まずひと通り基礎を固めようというのが日本のやりかたなのかな。

生徒R▼「まず基礎を」と言う先生は数学に限らず多いですね。

野崎●でも、いつになったら基礎が終わるのかわからない。アメリカの学校などは、基礎なんかあとからでも固まるって感じですね。たしかに、何のために使うかがわかってから習ったほうがよっぽど吸収が速い。日本の中学高校で6年間たたきこまれた基礎なんか、アメリカの大学生は1年か2年で追いつきます。

生徒M▼それは悔しいなあ。

野崎●でも、受験生にこんなこと言ったら、かわいそうですね（笑）。

虚数が今わからなくて悩んでいる人たちも、あとでわかることもありますし、もし、今後も理解できなくても一生それで苦労することはないと思っていいと思いますよ。気休めにはならないかもしれないけど。

それから、何度も言うけれど、数学では思い込みは損です。「大小関係のない数もある」と言われたら、素直にそうなのかと思ったほうが得なんです。

それにしても今回は、どうして虚数がわからないかが、少しははっきりしたので、僕にはとてもおもしろかったですね。

生徒M▼僕も少しすっきりしました。

『まるさんかく論理学』によせて

吉田夏彦（論理学者）

この本は、いろいろな楽しみ方ができる本である。まず、パズルが大好きだという人はパズルから始まる章が多いので、ひきつけられるであろう。もっとも、とりあげられているパズルには有名なものがかなりあるので、パズル・ファンならとっくに知っているというものも多いかも知れない。しかし、ユニークなのは、対話体で軽妙に解き方をのべていく語り口である。さりげなく、どこが解き方のかんどころか、また、なぜその問題が人々にちょっと不思議な感じをあたえ、単なる数学の問題ではないパズルになるのか、ということを教えてくれる。パズルを考えるのがきらいな人でも、すらすら読んで行くうちに、自分で解いて行くような錯覚さえおかしながら、楽しくパズルの秘密を知ることができるだろう。

といって、この本はめさきのかわったパズルブックに過ぎないものではない。大事なのは、パズルの解説に引続いて、ごく自然なかたちでのべられている、数学的な考え方の特色の紹介であろう。数学者が善意で一般の人に、数学とはどんなものかを解説しようとしている本は、いくらでもあるが、そういうものの中には、力みかえり過ぎていて、志の強い読者以外には、近づきにくいものもかなりある。その点、この本は、だれにもてぶらで気軽に読み進んで行けよう。

だが、著者は、いつも春風のようにおだやかに話しているわけでもない。ゆずれない論点も多数持っていて、それを主張する時は、なかなか強硬である。たとえば占のたぐいが信ずべきものでないことを説く時には、一歩もゆずらない。同時に、遊びとしてならさまざまな占を試してみるのも悪くないとする度量もみせる。占にもよく使われるトランプの一人遊びに著者が造詣が深いことは有名なことで、その方面の著書もある。

学校教育での数学の教え方の現状についても、かなりきびしい批判をしているのだが、話の終をうまくやわらげてあるので、批判の強さに気づかない人もいるかも知れない。しかし、実際には、耳を傾けるべき点の多い批判である。

もともと、高校生相手の雑誌に連載されたものがもとになってできた本のようだが、数学的な考え方を楽しく、しかも本質的な点にふれながら学べるという意味では、子供から老人にまで、また、教育に関心を持つ人に教えてくれるという意味では、さまざまな学校の先生に、ひろくすすめられるものと思う。また、哲学的な議論をさりげなく挑発しているところもあるので、哲学者仲間にもすすめてみたい。

初出一覧

第一章　言葉のつかいかた　『セリオ』018（93年10月号）
第二章　占いをめぐって　新稿
第三章　推理のすすめかた　『セリオ』019（93年11月号）
第四章　鏡は気まぐれ　新稿
第五章　結婚定理　『セリオ』020（93年12月号）
第六章　一筆がきと、その裏返し　『セリオ』020（93年12月号）
第七章　コンピュータに負けるな！「歴史編」　『セリオ』021（94年1月号）
第八章　コンピュータに負けるな！「現代編」　新稿
第九章　あみだくじの秘密　新稿
第十章　ギャンブラーは分数がお好き？　『セリオ』022（94年2月号）
第十一章「数」のよろず話　『セリオ』023（94年3月号）
第十二章　数学嫌いの根をたどる　新稿

＊『セリオ』（Z会の高校〜大学生向き月刊誌。現在、休刊中）
掲載分には、若干手を加えてあります。

本文イラスト　坂本伊久子
図版作製　大口映子

『まるさんかく論理学』一九九五年五月　増進会出版社

中公文庫

まるさんかく論理学

——数学的センスをみがく

2021年6月25日　初版発行

著　者　野崎昭弘

発行者　松田陽三

発行所　中央公論新社
〒100-8152　東京都千代田区大手町1-7-1
電話　販売 03-5299-1730　編集 03-5299-1890
URL http://www.chuko.co.jp/

DTP　平面惑星
印　刷　大日本印刷
製　本　大日本印刷

Published by CHUOKORON-SHINSHA, INC.
Printed in Japan　ISBN978-4-12-207081-3 C1141

中公文庫既刊より

各書目の下段の数字はISBNコードです。978-4-12が省略してあります。

あ-70-1
若き芸術家たちへ　ねがいは「普通」　佐藤　忠良／安野　光雅
世界的な彫刻家と画家による、気の置けない、しかし確かなものに裏付けられた対談。自然をしっかりと、自分の目で見るとはどういうことなのだろうか。
205440-0

い-83-1
考える人　口伝（オラクル）西洋哲学史　池田　晶子
学術用語によらない日本語で、永遠に発生状態にある哲学の姿をそこなうことなく語ろうとする、〈哲学の巫女〉による大胆な試み。〈解説〉斎藤慶典
203164-7

い-104-1
近代科学の源流　伊東俊太郎
四～一四世紀のギリシア・ラテン・アラビア科学を統一的視野で捉え、近代科学の素性を解明。科学史の忘れられた一千年の空隙を埋める名著。〈解説〉金子　務
204916-1

い-128-1
ウソとマコトの自然学　生物多様性を考える　池田　清彦
メディアと政治の言葉と化した「生物多様性」の現状を問いただし、イキモノの興味深い事実を数多く紹介しながら、自然を守る本当の手だてを直言する。
206549-9

う-15-10
情報の文明学　梅棹　忠夫
今日の情報化社会を明確に予見した「情報産業論」を起点に、価値の生産と消費の意味を文明史的に考察し、現代を解読する。〈解説〉高田公理
203398-6

う-32-1
羽生善治と現代　だれにも見えない未来をつくる　梅田　望夫
なぜ彼は、四十代でもなお最強棋士でいられるのか。ルールを知らずとも将棋に惹かれるすべての人に贈る、渾身の羽生善治論。羽生三冠との最新対談収録！
205759-3

さ-48-1
プチ哲学　佐藤　雅彦
ちょっとだけ深く考えてみる――それがプチ哲学。書き下ろし「プチ哲学的日々」を加えた決定版。考えることは楽しいと思える、題名も形も小さな一冊。
204344-2

さ-48-2
毎月新聞
佐藤雅彦
毎日新聞紙上で月に一度掲載された日本一小さな全国紙、その名も「毎月新聞」。その月々に感じたことを独特のまなざしと分析で記した、佐藤雅彦的世の中考察。
205196-6

た-20-2
脳死
立花隆
人が死ぬというのはどういうことなのか。人が生きているとはどういうことなのか。驚くべき事実を明らかにして生命倫理の最先端の問題の核心を衝く。
201561-6

た-20-10
宇宙からの帰還 新版
立花隆
宇宙体験が内面にもたらす変化とは。宇宙飛行士十二人に取材した、知的興奮と感動を呼ぶ壮大な精神のドラマ。〈巻末対談〉野口聡一〈巻末エッセイ〉毛利衛
206919-0

た-33-22
料理の四面体
玉村豊男
英国式ローストビーフとアジの干物の共通点は？ 刺身もタコ酢もサラダである？ 火・水・空気・油の四要素から、全ての料理の基本を語り尽くした名著。〈解説〉日高良実
205283-3

た-77-1
シュレディンガーの哲学する猫
竹内薫
竹内さなみ
サルトル、ウィトゲンシュタイン、ハイデガー、小林秀雄――古今東西の哲人たちの核心を紹介。時空を旅する猫とでかける、「究極の知」への冒険ファンタジー。
205076-1

た-95-1
すごい宇宙講義
多田将
空前絶後のわかりやすさ、贅言不要のおもしろさ！ ブラックホール、ビッグバン、暗黒物質……異色の物理学者が宇宙の謎に迫る伝説の名著。補章を付す。
206976-3

た-95-2
すごい実験
多田将
空前絶後のわかりやすさ、驚天動地のおもしろさ！ 地球最大の装置で、ニュートリノを捕まえる⁉ 文庫化に際し補章「我々はなぜ存在しているのか」を付す。
207005-9

の-12-3
心と他者
野矢茂樹
他者がいなければ心はない。哲学の最難関「心」にどのように挑むか。文庫化にあたり大森荘蔵が遺した書き込みとメモを収録した。挑戦的で挑発的な書。
205725-8

各書目の下段の数字はISBNコードです。978-4-12が省略してあります。

の-12-4　ここにないもの　新哲学対話　野矢茂樹 文　植田真 絵

いろんなことを考えてはお喋りしあっているエプシロンとミュー。二人の会話に哲学の原風景が見える。川上弘美「『ここにないもの』に寄せて」を冠した決定版。

205943-6

ま-34-3　花鳥風月の科学　松岡正剛

花鳥風月に代表される日本文化の重要な十のキーワードをとりあげ、歴史・文学・科学などさまざまな角度から日本的なるものを抉出。〈解説〉いとうせいこう

204382-4

ま-34-4　ルナティックス　月を遊学する　松岡正剛

月的なるものをめぐり古今東西の神話・伝説・文学・芸術を縦横にたどる「月の百科全書」。月への憧れを結晶化させた美しい連続エッセイ。〈解説〉鎌田東二

204559-0

み-39-1　哲学ノート　三木清

伝統とは？　知性とは？　天才とは何者か？　指導者はどうあるべきか？　戦時下、ヒューマニズムを追求した孤高の哲学者の叫びが甦る。〈解説〉長山靖生

205309-0

も-32-1　数学受験術指南　一生を通じて役に立つ勉強法　森毅

人間は誰だって、「分からない」に直面している。「分からない」とどう付き合って、これをどう味方にするか。受験数学を超えて人生を指南する一書。

205689-3

や-60-1　宇宙飛行士になる勉強法　山崎直子

未来の宇宙飛行士に伝えたい94の「学び」のエッセンス。幼少時代の家庭教育、受験勉強、英語の習得法まで。『宇宙兄弟』小山宙哉氏との特別対談も収録。

206139-2

や-73-1　暮しの数学　矢野健太郎

絵や音楽にひそむ幾何や算数など、暮しのなかに出てくる十二の数学のおはなし。おもしろく読めて役に立つ、論理的思考のレッスン。〈解説〉森田真生

206877-3

よ-52-1　錬金術　仙術と科学の間　吉田光邦

奇想天外なエピソードを交えつつ、東西の錬金術の歴史を跡付け、そこに見出される魔術的思考と近代科学精神の萌芽を検証する。先駆的名著の文庫化。〈解説〉坂出祥伸

205980-1